基于RCM的清洁能源发电设备检修策略研究与实践

中国大唐集团有限公司
中国大唐集团科学技术研究总院　组编
大唐水电科学技术研究院

中国水利水电出版社
www.waterpub.com.cn
· 北京 ·

内 容 提 要

本书介绍了以可靠性为中心的维修（reliability-centered maintenance，RCM）的基本理论、分析方法和工程应用，从理论框架、工作程序、方法改进和实例验证等方面进行了详细阐述，丰富和发展了 RCM 在清洁能源发电设备维修决策制定领域的理论与方法体系。本书共 9 章，展示了清洁能源发电设备以可靠性为中心的维修（RCM）理论体系、分析方法、维修决策、系统开发等方面的研究成果。

本书适合相关方向研究人员和工程技术人员参考借鉴，也可作为研究生掌握基础理论和培养创新能力的读物。

图书在版编目（CIP）数据

基于RCM的清洁能源发电设备检修策略研究与实践 / 中国大唐集团有限公司，中国大唐集团科学技术研究总院，大唐水电科学技术研究院组编. -- 北京 : 中国水利水电出版社，2025. 3. -- ISBN 978-7-5226-3300-8

Ⅰ. TM62

中国国家版本馆CIP数据核字第20256V7V76号

书　　名	**基于 RCM 的清洁能源发电设备检修策略研究与实践** JIYU RCM DE QINGJIE NENGYUAN FADIAN SHEBEI JIANXIU CELÜE YANJIU YU SHIJIAN
作　　者	中国大唐集团有限公司 中国大唐集团科学技术研究总院　组编 大唐水电科学技术研究院
出版发行	中国水利水电出版社 （北京市海淀区玉渊潭南路 1 号 D 座　100038） 网址：www.waterpub.com.cn E-mail：sales@mwr.gov.cn 电话：（010）68545888（营销中心）
经　　售	北京科水图书销售有限公司 电话：（010）68545874、63202643 全国各地新华书店和相关出版物销售网点
排　　版	中国水利水电出版社微机排版中心
印　　刷	清淞永业（天津）印刷有限公司
规　　格	184mm×260mm　16 开本　12 印张　235 千字
版　　次	2025 年 3 月第 1 版　2025 年 3 月第 1 次印刷
定　　价	**72.00** 元

本书编委会

主　任　赵建军　李国华

委　员　周　霞　项建伟　刘玉成　邢百俊　潘定立
吴宝富　姚　侃　李　平　陈　龙　凌洪政
席丙俊　王海虹　孙红武　刘林元　宋立宇
彭　涛　杨　进　李　荣　刘守豹　张海库
高云鹏　高丹丹

主　编　耿清华　刘玉成

参　编　黄振宇　何良超　隆元林　冯国柱　王　亮
邓玮琪　唐小勇　赵天亮　黄海平　王　春
魏步云　吴祖平　杨兴富　何有良　冯　磊
雷国强　俞荣厚　肖　汉　张波涛　马志国
席　强　李青安　方　圆　陈永琦　曾恕嘉
李胜首　何　良　唐榆东　何传凯　李贵吉
陈　凯　叶喻萍　赵泓宇　王　昆　谢雄飞

前　言

随着全球能源结构的转型与可持续发展的迫切需求，清洁能源发电行业正以前所未有的速度蓬勃发展。风力发电、太阳能光伏、水力发电等清洁能源技术，正逐步替代传统化石能源，成为推动全球能源革命的重要力量。然而，随着清洁能源发电设施的大规模建设与运行，如何确保其高效、稳定、可靠地运行，成为行业内外共同关注的焦点。在此背景下，以可靠性为中心的维修（reliability-centered maintenance，RCM）理念应运而生，并在清洁能源发电行业中得到了广泛的推广与应用，为提升发电设备的运维管理水平、降低运营成本、增强系统可靠性提供了强有力的支持。RCM 是一种先进的维修管理策略，它超越了传统预防性维护的框架，强调基于设备实际运行状况、故障模式及影响分析（FMEA）、风险评估等科学方法来确定最优的维修策略。其核心在于"按需检修"，即根据设备的实际可靠性需求，制订针对性的检修计划，避免过度检修导致的资源浪费和欠检修引发的故障风险，实现检修成本与检修效果的最佳平衡。

本书作为清洁能源发电行业 RCM 应用的集大成之作，旨在全面梳理和总结近年来 RCM 在该领域的研究成果与实践经验。从理论探索到技术应用，从案例分析到策略优化，本书内容覆盖了 RCM 在风电、水电等多种清洁能源发电形式中的具体应用路径，深入剖析了 RCM 理念如何助力发电企业提升运维效率、延长设备寿命、减少非计划停机时间，并最终实现经济效益与环境效益的双赢。本书共分为 9 章。第 1 章介绍 RCM 的概况、国内外研究现状；第 2 章介绍了水轮发电机组、风力发电机组的工作原理和典型结构；第 3 章简述可靠性基本理论；第 4 章简述 RCM 的基本原理和分析过程；第 5 章和第 6 章分别简述 RCM 在清洁能源发电设备维修决策中的应用方法；第 7 章简述 RCM 的管理体系；第 8 章简述 RCM 系统实现功能及其在工程实践的应用；第 9 章重点介绍 RCM 的发展趋势。

本书既可以作为相关学科大学本科和研究生的参考教材，也适合从事相关专业技术人员、管理人员的参考阅读。

本书参阅和引用了国内外大量著作与文献资料，在此对各位专家学者表示由衷的感谢。

限于编者的水平，不妥与错误在所难免，敬请广大读者批评指正。

作者
2025 年 1 月

目　录

前言

第1章　绪论 …… 1

1.1　研究背景与意义 …… 1

1.2　维修现状及挑战 …… 5

1.3　国内外研究现状 …… 8

第2章　发电机组基础知识 …… 11

2.1　水轮发电机组的结构和功能 …… 11

2.2　水轮发电机组的工作原理 …… 21

2.3　水轮机相关基本方程 …… 24

2.4　风力发电机组类型 …… 28

第3章　可靠性基本理论 …… 32

3.1　可靠性概念 …… 32

3.2　可靠性数学基础 …… 39

第4章　以可靠性为中心的维修理论框架 …… 49

4.1　以可靠性为中心的维修定义与原则 …… 49

4.2　失效模式与影响分析（FMEA） …… 60

第5章　基于状态检修的RCM分析方法 …… 67

5.1　设备检修发展概述 …… 67

5.2　状态检修 …… 68

5.3　基于状态检修的RCM流程 …… 69

第6章　基于支持向量回归机威布尔分布的可靠性分析模型研究 …… 76

6.1　设备可靠性分析基础 …… 77

6.2　发电设备寿命分布模型 …… 80

6.3　基于支持向量回归机的威布尔分布模型的参数估计 …… 85

6.4　发电设备可靠性分析实例 …… 93

第 7 章　以可靠性为中心的维修管理体系 ………………………………… 100
7.1　设计目标与原则 ……………………………………………………… 100
7.2　基于 RCM 的水电机组全寿命周期维修管理 ………………………… 103
第 8 章　水轮发电机组以可靠性为中心的智能管理平台 …………………… 115
8.1　结构和功能详述 ……………………………………………………… 115
8.2　数据采集与状态评价系统的实现……………………………………… 130
第 9 章　水轮发电机组 RCM 维修发展趋势探讨………………………… 134
9.1　水轮发电机组维修的特点 …………………………………………… 134
9.2　水轮发电机组维修发展趋势 ………………………………………… 135
附录 A　水轮发电机组性能评估与监测、试验方法（资料性附录） ……… 137
A.1　水轮发电机组性能评估 ……………………………………………… 137
A.2　水轮发电机组相关试验 ……………………………………………… 141
附录 B　水轮发电机组的主要故障类型及原因（资料性附录） ………… 150
B.1　水轮发电机组常见的故障类型和表现形式及原因 ………………… 150
B.2　故障产生的主要原因和影响因素 …………………………………… 157
B.3　故障对机组性能和可靠性的影响 …………………………………… 158
B.4　总结 …………………………………………………………………… 159
附录 C　水轮发电机组状态评价表（资料性附录） ……………………… 160
参考文献 ………………………………………………………………………… 181

第1章 绪 论

1.1 研究背景与意义

近年来，随着全球气候变化和环境问题日益严峻，化石能源的不可持续性及其对环境的负面影响受到广泛关注。面对化石能源的枯竭和环境污染问题，国际社会正致力于开发和利用清洁、可再生的能源，以实现能源结构的转型和升级。在这一背景下，水电作为一种清洁、可再生的能源，在世界范围内受到重视，其优势不仅在于它具有强大的调节能力，可以灵活应对电网负荷的变化，保障电力供应的稳定性；而且得益于水力发电过程中的能量转换效率高，其投产后的维护和运行成本相对较低；此外，水电机组装机容量也在日益增大，具备大规模地生产电力、满足大规模用电需求的能力，在新型电力系统加速形成的今天，水电机组对优化能源结构、提高能源利用效率具有显著作用。

中国作为世界上最大的能源消费国，近年来积极响应全球减碳行动，提出了“碳达峰”和“碳中和”的“双碳”目标，致力于构建清洁、低碳、安全、高效的能源体系。水电作为中国重要的清洁能源之一，在实现双碳目标的过程中扮演着关键角色。自20世纪90年代以来，中国的水电开发取得了显著成就，特别是在大型水电站的建设和运营方面积累了丰富的经验。然而，水电产业的高速发展也带来了设备运行与维护方面的挑战。水电设备的工作环境通常较为恶劣，加之起步较晚，运行维护水平相对较低，导致设备故障率较高，影响了水电站的正常运行时间和效率。与此同时，传统的水电检修方式，如定期检修和事后维修，已显示出其局限性，难以适应新型电力系统对水电可靠性的要求。在这一背景下，中国国家能源局积极响应“双碳”目标，推动能源生产和消费方式的变革，在水电领域以水轮发电机组为研究对象，开展了两批以可靠性为中心的维修（reliability-centered maintenance，RCM）试点工作。通过RCM在水电领域的探索，将为水电行业积累宝贵的运行维护经验，形成一套适应中国国情的水电设备维修管理体系，同时也为其他清洁能源行业提供借鉴和参考。

综上所述，RCM 在水电领域的应用研究，不仅对于提升水电行业的运维管理水平具有重要的现实意义，也是中国实现“双碳”目标、推动能源革命的重要途径。随着 RCM 试点工作的不断深入和推广，有理由相信，中国水电行业将在实现双碳目标的征程中发挥更加重要的作用，为全球应对气候变化贡献中国智慧和中国方案。

1.1.1　RCM 发展概述

RCM 方法起源于国际民用航空业，从 20 世纪 60 年代起，这种方法始终在不断地稳步发展。1968 年，美国空运协会维修指导小组（Maintenance Steering Group，MSG）结合波音 747 飞机起草了《手册：维修的鉴定与大纲的制订》（MSG－1）。1970 年，美国将 MSG－1 进行了进一步的完善，增加了对隐蔽功能故障的判断等分析，升级为 MSG－2，并应用到飞机的维修上，收效十分显著。1974 年，美国国防部计划在全军范围推广以可靠性为中心的维修方法，并于 1978 年委托联合航空公司在 MSG－2 的基础上研究出一套维修大纲的制订方法。美国航空业的诺兰（Nowlan. F. S.）与希普（Heap. H. F）在 MSG－1 和 MSG－2 的基础上，合著了相关的报告，正式推出了一种新的逻辑决断法—RCM 分析法，指明了具体的预防性维修工作类型，为 RCM 的产生奠定了基础。与此同时，航空业也将 MSG－2 进一步完善，于 1980 年出版了 MSG－3。1991 年，英国 Aladon 维修咨询有限公司的创始人莫布雷（John Moubray）在多年实践 RCM 的基础上出版了阐述 RCM 方法的专著《以可靠性为中心的维修》，由于这本专著与以往的 RCM 标准、文件有较大区别，这本书又被称为《RCM Ⅱ》。1997 年，该书第二版发行，更加精确地定义了 RCM 的适用对象与范围，指明 RCM 不仅仅适用于传统的大型复杂系统或设备，也适用于有形资产。随着 RCM 的流行，很多行业和研究者都采用了声称为 RCM 的方法，但这些方法之间存在很大的差别，到底哪些方法才是 RCM，一时间在理论界与工业界都引发了巨大的争论，甚至影响了军用装备的订购。在这种背景下，美国军方委托汽车工程师协会（Society of Automotive Engineers，SAE）制订了一份界定 RCM 方法的标准，即符合哪些条件的方法可以称为 RCM 方法。这就是 1999 年 SAE 颁布的《以可靠性为中心的维修过程的评审准则》（SAE JA1011），按照该标准第五章的规定，只有保证按顺序回答了标准中所规定的 7 个问题的过程，才能称之为 RCM 过程。这 7 个问题是：

（1）在现行的使用背景下，装备的功能及相关的性能标准是什么？（实现功能）

（2）什么情况下装备无法实现其功能？（功能失效）

（3）引起各功能失效的原因是什么？（失效模式）

（4）各失效发生时会出现什么情况？（失效影响）

（5）各失效在什么情况下至关重要？（故障后果）

（6）做什么工作才能预计或预防各失效？（主动性工作类型与工作间隔）

（7）找不到适当的主动性维修工作应怎么办？（非主动性工作）

在此之后颁布的各种 RCM 标准、规范、手册、指南等基本上都遵循了 SAE JA1011 的规定。典型的如美国船舶局的《RCM 指南》，美国航空航天局（NASA）的《设施及相关设备 RCM 指南》，国际电工技术委员会（international electrotechnical commission，IEC）的标准 IEC 60300－3－11，英国国防部的标准 Def Stan02－45，美国国防部的标准 MIL-STD－3034A 等。

1.1.2 RCM 应用简介

相对于理论方法，RCM 在各个领域如何应用更加受到关注，发表的成果数量更多。由于 RCM 不是一种固定不变的方法，而是结合不同的行业、设备等进行剪裁、丰富和完善的灵活方法。在实施过程中还有很多具体的技术和管理问题需要解决，在研究和运用的过程中参考 RCM 应用的具体背景，往往可以获得更为直接的指导。目前，应用 RCM 的行业很多，限于篇幅，本书不再一一详细分析，主要选取了我国当前建设发展的 3 个重点领域，包含了其在这些领域国内外的应用情况。

1. 军事领域

美军最早将 RCM 方法应用于军事领域，而且在全军中进行推广，各军种中也建立了相应的标准。目前，美军除了在舰船、战斗机、坦克等常规装备上采用了 RCM 方法制定维修大纲外，还针对一些新式装备或系统，如两栖突击车、飞控系统、武控系统等应用了 RCM 方法。在美国国内，RCM 已经应用在各种军事装备上，如雷达、弹药、火炮、导弹等，对于提高武器系统的维修保障水平起到了重要作用。很多其他国家也是军方最先引进 RCM 方法，而后才进一步推广到民用。通过 RCM 方法制定军事装备的预防性维修大纲，并建立起相应的管理制度，能够有效提高装备的装备完好率，使装备快速转入战斗状态，为打赢战斗争取更多的时间。

2. 核电领域

20 世纪 70 年代，美国三哩岛（three mile island，TMI）核电站最早引进了 RCM 方法，更新了原来的预防性维修过程，并带来了良好的改变。1983 年，美国电力研究院（Electric Power Research Institute，EPRI）在 Turkey Point、McGuire、San Onfare 核电站投资中进行了 RCM 试点研究。实践证明，RCM 方法在核电领域是确定设备维护需求的先进方法，在提高机组安全性、设备可靠性、降低维修成本等方面取得了显著的成效。21 世纪前，美国所有在运的核电站就已经采取了实时的

RCM 分析。20 世纪 90 年代，南非、法国、韩国等国家也将 RCM 分析引入到核电站的维修工作中。2008 年，国际原子能机构（international atomic energy agency，IAEA）出版了 RCM 方法在核电领域的标准，规范了 RCM 分析在该行业中的使用流程及相关注意事项。1999 年，我国的大亚湾核电站最早将 RCM 引入核电维修工作中。首先以凝结水抽取系统（CEX 系统）作为试点进行 RCM 分析，并获得了成功。至 2004 年年底，大亚湾核电站已完成了 79 个系统的 RCM 分析。通过分析，优化了维修大纲，提高了系统的可靠性，降低了维修成本。如今，RCM 在大亚湾核电站中的应用进行了全面的推广。进入 21 世纪，RCM 在国内核电领域中的应用得到了更好的推广，秦山三核、海阳核电站、田湾核电站等多家核电站在维修策略制定的过程中均引入了 RCM 分析，无论是在关键的产能设施中还是在配套保护设施中均有 RCM 的实例应用。目前，我国的核电技术已经处于世界先进水平，这也从侧面说明了 RCM 方法在维修领域的优越性。

3. 铁路领域

铁路是传统的资产密集型领域，因此 RCM 在国内外的铁路部门得到了广泛的应用。2000 年以来欧盟组织了一个“铁路：适用于铁路运行基础设施和物流的以可靠性为中心的维修方法”项目，旨在研究 RCM 分析在铁路基础设施维修中的应用。随后的几年中，多个国家将 RCM 分析引入本国铁路及列车的维护管理中。西班牙铁路公司（RENFE）和德国铁路公司（DBAG）通过 RCM 方法提高了预防性维修效率，而且他们将全员生产维修植入轨道维护的项目中，将人员的管理落实到日常的维护工作中，建立了新型的维修管理体系。韩国高速列车 KT 也将 RCM 方法应用到日常的维护管理中，并开发了计算机维修管理信息系统，降低了列车的故障率。伊朗 Raja 旅客列车公司对列车车轮开展预防性维修，发现了很多潜在故障。我国是世界铁路运输大国，随着铁路事业的大发展，我国的铁路系统也广泛使用了 RCM 方法。从最早的内燃机车到现在的高铁列车，RCM 方法为我国的铁路运输提供了有力的保障。如今，中国高铁已经成为我国的又一张闪亮名片，其较高的可靠性正是这张名片背后的有力保障。目前，高铁的维护普遍采用预防性维修，维修周期一般为 48h，维护周期确定的过程中采用了 RCM 建模理论。从上面的案例中不难看出，RCM 方法已经在一些重要工业领域中独占鳌头，在安全性以及经济性等方面占据绝对优势。

4. 其他领域

除了应用 RCM 的大规模行业外，其他一些行业也在其维修管理过程中引入了 RCM 方法，包括环保设备、化工设备、船舶、建筑物、沥青路面、航天设施、油气生产设备等，RCM 在其他领域的应用见表 1-1。

表 1-1　　RCM在其他领域的应用

开发者	年份	应用领域	应用效果
Bullard C M	2000	环保设备	带式过滤器是一种处理污水的设备，但是其维修费用高昂，通过对其实施RCM分析，降低了其维修成本，同时也提高了污水处理的效率
Fonseca D J	2000	化工设备	建立了一种新的RCM框架与专家系统用于对化工设备维修策略的研究
Mokashi A J	2002	船舶	在航运业，RCM被视为确定资产需求的关键技术，船主和船舶经理为降低运营费用，通常采用反向的RCM方法，从故障模式出发确定维修方式，CBM和TPM等方法作为RCM方法的补充，在船舶维修中均有体现
阮革	2008	建筑物	以潮州历史建筑为对象，对其进行RCM分析，并建立了历史建筑维修决策模型
马士宾	2008	沥青路面	将RCM方法应用于沥青路面的养护中，以改善我国路面养护管理的现状，提高养护效率
陆晋荣	2009	航天设施	建立了以可靠性为中心的综合维修保障技术体系，研制了航天发射一体化仿真训练系统和发射场共用无线转发系统
余建星	2012	油气生产设备	在RCM方法中引入熵权理论、模糊理论，优化了海上油气生产设备的资源配置

1.2 维修现状及挑战

1.2.1 清洁能源在电力系统中的地位

清洁能源在电力系统中的重要地位主要体现在以下几个方面：

1. 环境保护

清洁能源发电技术，如太阳能、风能、水能、地热能等，通过利用可再生能源来产生电力，显著减少了对传统化石燃料的依赖。这直接降低了温室气体（如二氧化碳）的排放，有效减缓了全球气候变化的速度。同时，清洁能源发电避免了化石燃料燃烧产生的废气和废水，从而大大减轻了空气污染和水污染问题，保护了生态环境和生物多样性。

2. 能源安全

随着全球能源需求的不断增长，能源安全问题日益突出。清洁能源发电为能源供应提供了多样化的选择，减少了对单一能源的依赖。特别是太阳能和风能等可再生能源，其分布广泛且几乎不受地域限制，使得能源供应更加稳定和可靠。此外，清洁能源发电还有助于减少对进口石油和天然气的依赖，增强了国家能源的自给自足能力，进一步提升了能源安全。

3. 经济潜力

清洁能源发电行业具有巨大的经济潜力。一方面，随着技术的不断进步和成本的逐渐降低，清洁能源发电的竞争力日益增强。特别是太阳能和风能发电，其成本已经大幅下降，甚至在某些地区已经低于传统化石燃料发电。这使得清洁能源发电成为了一种具有经济可行性的能源选择。另一方面，清洁能源发电行业的发展还带动了相关产业链的发展，包括设备制造、安装、维护以及智能电网的建设等，为经济增长和就业创造提供了新的动力。

4. 技术创新

清洁能源发电技术的不断创新是推动其发展的重要动力。随着光伏技术、风力涡轮机技术、储能技术以及智能电网技术的不断进步，清洁能源发电的效率、稳定性和可靠性都得到了显著提升。特别是储能技术的发展，解决了清洁能源发电的不稳定性和间歇性问题，使得清洁能源能够更加灵活地接入电力系统，满足各种用电需求。此外，清洁能源发电技术的创新还推动了能源互联网、微电网等新型能源系统的建设和发展，为电力系统的智能化和现代化发展提供了有力支撑。

5. 可持续发展

清洁能源发电是实现可持续发展的重要途径。传统的化石燃料发电不仅污染环境，而且资源有限，无法满足人类长期发展的需求。而清洁能源发电则具有可再生、无污染、能源分散等特点，其供应基本上是无限的。通过大力发展清洁能源发电，可以逐步替代化石燃料发电，实现能源结构的优化和升级，推动经济社会的可持续发展。

综上所述，清洁能源发电在电力系统内的重要地位主要体现在环境保护、能源安全、经济潜力、技术创新以及可持续发展等多个方面。随着全球能源转型和气候变化的严峻挑战，清洁能源发电将成为未来电力系统的重要组成部分。因此，我们应该进一步加强清洁能源发电技术的研发和应用，推动清洁能源产业的快速发展，为实现全球能源转型和可持续发展目标做出积极贡献。

1.2.2　维修的现状和存在的问题

目前，发电机组主要采用计划检修模式，以时间为依据，到了规定时间间隔即开展检修。计划检修在发现设备故障方面虽然起到一定的预防作用，但由于修前缺乏对设备运行状态的监测，只是单纯按照时间间隔周期开展定期检修或更换部件，易导致有些设备出现检修过度或检修不足。过修和欠检修给发电企业带来较大的安全压力和高昂的检修成本。检修不及时会让设备带病运行，使故障不断恶化，给之后的检修增加难度和带来更大的损失。因此，在传统检修模式下，主要是针对出现的问题进行解决和补救，而非注重性能的优化。这种方式虽然能保证机组的正常运行，但无法确保其持续稳定的性能。

同时，随着技术的不断进步，新型发电机组在设计和性能上都有了很大提升。然而，传统检修方法可能无法完全适应新技术和新设备的需求，导致检修效果不佳或无法满足机组的运行要求。随着电力设备向高参数、大容量、复杂化发展，其安全经济运行对社会的影响也越来越大，检修投入大幅上升，现有检修模式存在的不足日益凸显。

1.2.3 制约维修发展的主要因素

发电机组目前的检修管理模式有着鲜明的纯计划预防性定期检修特点，设备检修计划基本依照 1987 年发布的《发电企业设备检修导则》（DL/T 838）对发电设备检修项目、检修周期、检修标准项目和实施周期及设备制造厂家设备技术说明书的要求执行。通过几十年的运行经验表明，该检修模式具有一定的合理性，但随着发电设备向高参数、大容量、复杂化发展，其安全经济运行对社会的影响越来越大，检修投入大幅度提高。该检修模式也反映出了一些问题：

1. 设备检修科学性有待改善

计划检修是依据设备的制造质量、安装工艺、现场投运调试情况而预定一个检修周期，虽然对设备状态不佳的设备进行了必要的维修，但对设备运行情况良好的设备按部就班修理，这样势必造成有些发电机组越修越坏或良好设备一修便故障率增加的现象，因此缺乏科学性。

2. 设备检修的经济性有待提高

计划检修一方面致使有些状况较好的设备到期必须修理，增加设备检修费用，同时又加速了设备的磨损，甚至缩短了使用寿命，降低了设备利用率；另一方面少数状况不好的设备因检修周期未到而得不到及时检修，降低了设备运行的安全可靠性，甚至到发生事故后才抢修，扩大了经济损失。

1.2.4 发电机组维修面临的挑战

许多水电站，尤其是偏远地区和小型水电站，由于所处位置偏远、环境恶劣、人员技术水平不足以及维护经费不充足等因素，其检修工作往往不及时、不到位，留下了许多安全隐患。

同时，在发电机组检修过程中，往往只是在遇到无法避免的问题后才开始进行相关的检修工作，并且只是对其出现的问题进行不同程度的解决和补救，而不是重视其性能的优化。这种在发生问题后再解决问题的方式虽然能够保证水力发电机组的正常运行和工作，但无法保证其持续稳定的运行。此外，一些水电站还存在临时性检修过多、无计划检修等问题，这不仅造成了资源的浪费，还可能导致设备在检修过程中受到二次损害。

水电站作为重要的能源供应基地，其设备设施的运行稳定性和安全性对能源供应和国家安全具有重要意义。水电机组在运行过程中，如果出现设备老化、故障、损坏等问题，可能会引发安全事故，如发电机组剧烈震动、噪声大且三相电压不平衡、水导瓦温度过高等故障，这些都可能对水电站的安全运行构成威胁。

随着中国经济的快速发展和水能资源的可持续利用要求，混流式水轮发电机组作为水力发电关键设备，对其开展全寿命周期管理已成为提高设备可靠性、延长寿命、降低维护成本和提高发电效率的关键。

1.3　国内外研究现状

1.3.1　国外发展现状

RCM 最早起源于 20 世纪 60 年代的美国航空业，当时美国航空业面临着检修费用剧增的困境，仅检修费用一项就达到了航空公司经营成本的 30%，“买得起，修不起”让企业管理层非常苦恼。因此工程师们开始大量收集检修数据，探索原有检修大纲的不足，制定了新的飞机检修大纲，并首次将 RCM 检修应用到波音 747 飞机上，取得了非常好的效果，飞机的检修工作量和检修费用大幅度下降。

美国军方在 70 年代中期开始重视 RCM 检修体制的应用，明令在军队推广 RCM 检修，RCM 开始在美国陆、海、空三军装备检修上获得广泛应用。1978 年美国联合航空公司在 MSG－2 的基础上改良了检修大纲制订的方法，即《民用航空飞机检修大纲》(MSG－3)。在此背景下，Nowlan 与 Heap 两人合著出版了《以可靠性为中心的检修》一书，在书中正式提出了一种新的检修逻辑决断法—RCM 法。书中明确阐述了逻辑决断的基本原理，对检修工作进行了明确区分，用定时拆修、定时报废、视情检修和隐患检测四种工作类型替代了定时方式、视情方式和状态监控方式三种检修方式。从此人们把制定预防性检修大纲的逻辑决断分析方法统称为 RCM 分析方法。

到 80 年代中期，美国军方装备中已全面推行 RCM 应用，陆、海、空三军分别颁布了 RCM 应用的标准和规范。美国空军在 1985 年 2 月颁布了《飞机、发动机和设备以可靠性为中心的检修》（MIL-STD－1843）；美国陆军在 1985 年 7 月颁布了《以可靠性为中心的检修分析指南》（AMCP750－2）；美国海军在 1986 年 1 月颁布了《海军飞机、武器系统和保障设备以可靠性为中心的检修》（MIL-STD－2173），以上这些都是关于 RCM 应用的指导性标准或文件。RCM 推广应用在美国军队中取得了成功，当前美军几乎所有重要的军事装备都是应用 RCM 方法制定预防性检修大纲。

其他行业方面，在 80 年代美国 EPRI 公司首先将 RCM 应用引入到核电站的检修，后来又应用到火电厂的检修，均取得了提高系统可靠性和降低检修费用的目的。进入 90 年代后，RCM 技术不仅被军事领域所重视，而且已广泛应用于世界上许多工业部门或领域，如电力公司、汽车制造、工业制造，逐步扩展到机电产品、民用设施等。英国的 Aladon 检修咨询有限公司从 90 年代开始，陆续为 40 多个国家和地区的 1200 多家大中型企业推广应用 RCM，从它的业绩清单中可以看出：目前的 RCM 应用领域已涵盖了航空航天、武器装备、核电站、发电厂、机械工业、铁路、石油化工、生产制造，甚至生活服务等各个行业。1999 年国际汽车工程师协会（SAE）颁布的 RCM 标准《以可靠性为中心的检修过程的评审准则》（SAEJA1011），为目前广泛使用的标准。

在铁路运输方面，1996 年美国 GE 公司对加拿大国铁的机车检修首次应用 RCM，目的在于最大限度降低检修费用和减少机车检修停用时间。1999 年欧洲铁路联盟组织制定了一种适用于铁道基础结构和后勤保障作业的方法，简称“RAIL”，意思就是 RCM。近年来，RCM 开始在铁路运输行业中得到推广应用，比如奥地利联邦铁路在公司运营困难的情况下，全面采用 RCM 为机车车辆制定检修策略，取得了较好的效果，极大地降低了检修费用，改善了公司的经营状况。同时欧洲和日本等各国的铁路机车系统也在应用 RCM，对检修体制进行改革。

1.3.2 国内发展现状

我国对 RCM 的理论研究和应用起步较晚。20 世纪 70 年代中期以前我国受苏联影响，一直沿用苏联的体制和方式方法，即“安全第一、预防为主”检修理念。1979 年，我国民航和空军才开始接触 RCM 的理论研究，引进了 RCM 检修方法。80 年代中后期，军事科研部门开始跟踪研究 RCM 的理论和应用。1989 年 5 月，原航空航天工业部发布了航空工业标准《飞机、发动机及设备以可靠性为中心的检修大纲的制订》（HB6211），并运用于轰炸机和教练机检修大纲的制定。1992 年国防科工委颁布了由军械工程学院主编的国家军用标准《装备预防性检修大纲的制订要求与方法》(GJB 1378—92)，该标准在海军、空军等有关重点型号装备上的初步应用取得了显著的军事、经济效益，促进了现役装备检修体制改革，快速形成战斗能力。尽管 RCM 在军队中进行了初步的推广，但到目前为止，我国行业运用 RCM 还不算普遍，仅在军事装备等领域开始部分推广应用，在其他一些民用设施与设备上的推广较慢，处于研究和探索阶段，还没有取得很好的效果。

我国在铁路运输系统方面，对 RCM 的研究和应用时间也不长，最早只是在机车车辆运用和部分地铁信号系统中应用过。我国铁路设备检修体制发展过程主要经历了三个阶段：新中国成立初期由于设备数量少，结构简单，采用事后检修方式；随着经济的不断发展，铁路运输量不断增加，设备数量和技术在不断提高。在 20 世纪 50 年代中期铁路部门沿用苏联铁路经验，建立了以预防为主的计划检修体制；80 年代以来铁路部门开始了检修体制大改革，积极探索和学习国外先进的检修管理体制，并提出了对设备进行 RCM 的检修方法，并应用至机车检修中。

RCM 理论在水力发电行业还没有应用的先例。随着新技术、新装备的发展，水轮发电机组系统的安全性、运行参数的可监测性、停机时间要求、检修成本等都发生了较大的变化，计划检修模式已经不再适用。因此，研究如何应用 RCM 理论为水轮发电机组制定科学有效的检修策略，是水力发电企业目前迫切需要重视的问题。

第2章 发电机组基础知识

2.1 水轮发电机组的结构和功能

水轮机是一种将河流中蕴藏的水能转换成旋转机械能的原动机。水流流过水轮机时，通过主轴带动发电机将旋转机械能转换成电能。水轮机与发电机连接成的整体称为水轮发电机组，它是水电站的主要设备之一。

作为将水能转换为机械能的机械，水轮机的基本部件即对能量转换有直接影响的过流部件，是绝大多数水轮机普遍具有的部件。近代水轮机一般都具有四个基本过流部分：引导并集中水流流入转轮的引水部分称为引水部件；使流入转轮的水具有所需要的速度和大小的导向部分称为导水部件；把引入水流的水能转换为转动机械能的能量转换部分称为工作部件（转轮）；将转轮流出的水引向下游并利用其余能的泄水部分称为泄水部件。对不同类型的水轮机，上述四个重要部件在型式上都具有各自的特点。本节主要介绍反击式（混流式、轴流转桨式、斜流式、贯流式）水轮机和水斗式水轮机的部件及功能。

2.1.1 反击式水轮机

反击式水轮机有以下几个主要部件，它们的功能如下：

(1) 引水室：将水引入转轮前的导水机构。

(2) 座环：用来承受水力发电机组的轴向载荷，并把载荷传递给混凝土基础。

(3) 导水机构：引导水流按一定方向进入转轮，并通过改变导叶开度来改变流量，调整出力。此外，还用它来截断水流，以便检修与调相运行。

(4) 转轮：将水流的机械能转换为旋转机械能。

(5) 尾水管：主要用来回收转轮出口水流中的剩余能量。

(6) 主轴：将水轮机转轮的机械能传递给发电机。

(7) 轴承：承受水轮机轴上的载荷（径向力和轴向力）并传给基础。

2.1.1.1　混流式水轮机结构概述

大型混流式水轮机结构示例如图 2－1 所示。

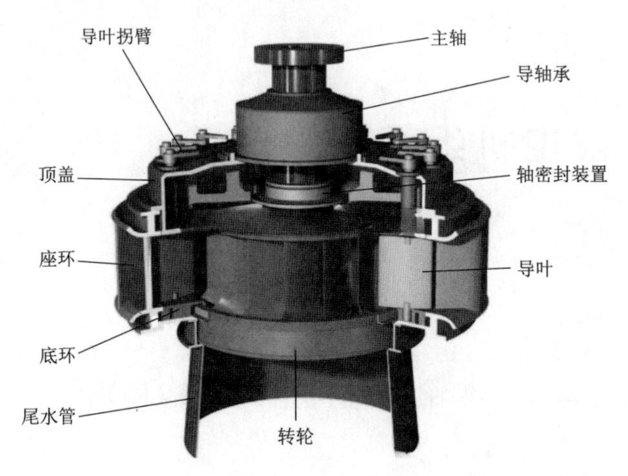

图 2－1　大型混流式水轮机结构示例

水流从压力水管中经过，流经蜗壳部分，随后通过座环和导叶的引导，顺利地进入转轮进行旋转和能量转换。完成这一系列过程后，水流最终经由尾水管被排出。混流式水轮机的结构可分为 5 个部分。

（1）引水部件。混流式水轮机引水部件主要有明槽式、鼓壳式（即罐式）、蜗壳式。大中型反击式水轮机的引水室都采用蜗壳，水流在其中一方面环绕导水机构作圆周运动；另一方面又做径向运动，以使得水流均匀、对称地进入导水机构。根据使用水头和单机容量的不同，蜗壳的制作材料有金属和混凝土，金属蜗壳的截面形状为圆形，混凝土蜗壳为梯形。它的形状如蜗牛的壳体，从蜗壳进口到鼻端又像一个断面逐渐收缩的管子，蜗壳内侧是敞开的，由座环支撑。

（2）座环。水轮机的主要部件都是围绕座环展开的。座环下方有底环与尾水管，座环上方有顶盖，座环外侧安装蜗壳，座环内侧安装多个导叶，在中间安装转轮，转轮的轴承是安装在顶盖上的导轴承。在导轴承下方有轴密封装置防止水沿轴漏入顶盖上方。

水轮机座环如图 2－2 所示。

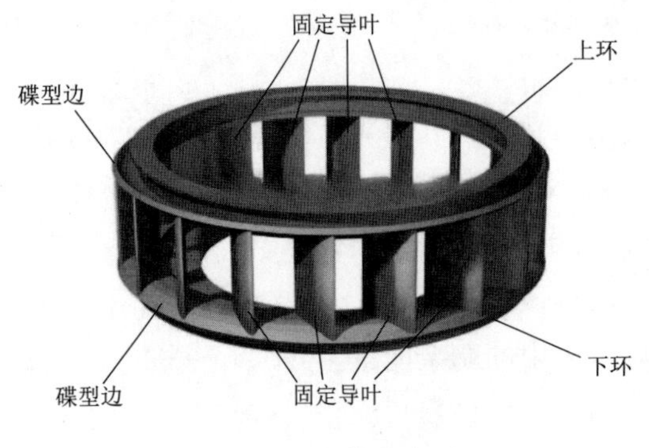

图 2－2　水轮机座环

（3）导水机构。导水机构是导叶及导叶的传动零件一起组合起来的零部件的总称，用于调节水轮机流量，大多数导水机构是可以转动的多导叶式，即芬克式导水机构，是 19 世纪 80

年代由德国工程师发明的，由轴线与水轮机主轴平行，并均布在圆柱面上的若干个导叶组成。经过不断改进，形成了现代的结构，导叶支承在位于顶盖和下环内的轴套上，因而导叶能绕本身的轴线旋转。导叶沿圆周均匀布置于座环和转轮之间的环形空间内，通过改变导叶位置来引导水流按一定方向进入转轮，调节水轮机的流量和出力。相邻导叶之间构成水流通道，此通道的最小宽度叫作导叶开度 α。当导叶转动时，导叶的安放位置发生改变，导叶的开度也随之改变，进入转轮的水流方向也发生改变，使水轮机的流量增加或减少，从而达到调节出力的目的。在导叶完全关闭时，相邻两导叶首尾相接，进入水轮机的水流通路被截断，通过水轮机的流量为零。导叶的转动由传动机构控制，传动机构由安置在导叶上轴颈的转臂、连杆和控制环组成。导叶开度的改变是通过导水机构的两个接力器产生的驱动力使拖拉杆移动并带动控制环转动来实现的。现代的导水机构传动图如图 2-3 所示。导叶开度如图 2-4 所示。现代的导水机构传动图如图 2-5 所示。

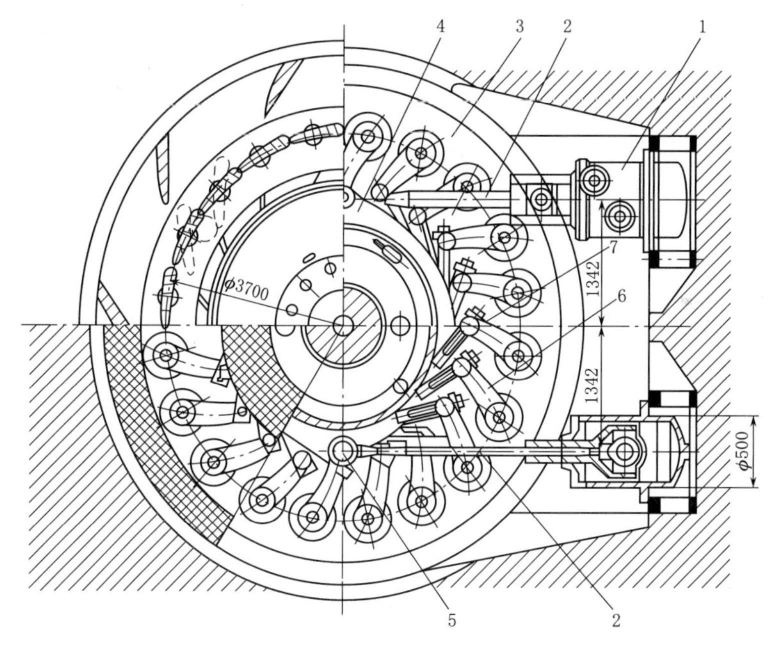

图 2-3 现代的导水机构传动图

1—接力器；2—推杆；3—顶盖；4—控制环；5—柱销；6—拐臂；7—连杆

（4）转轮。水流通过导水机构获得必要的水流方向和速度后进入转轮，它是水轮机的核心部件。转轮由上冠、下环和叶片组成（图 2-6）。转轮叶片之间的通道称为流道，水流经过流道时，叶片迫使水流按它的形状改变流速的方向和大小，使水流动量改变，水流反过来给叶片一个反作用力，此力的合力对转轮轴心产生一个力矩，推动转轮旋转，从而将水流能量转换为旋转的机械能。混流式转轮的叶片数随着应用水头的提高而增加，一般为 14～19 片。转轮通过上冠与主轴连接，上冠下部装有泄水锥，用来引导水流均匀流出转轮，减少叶片出流的漩涡。为了减少漏损，在上冠与顶盖之间，下环与基础环之间装有迷宫环（止漏装置）。为了减小轴向水推力，在上冠上设有减压孔。

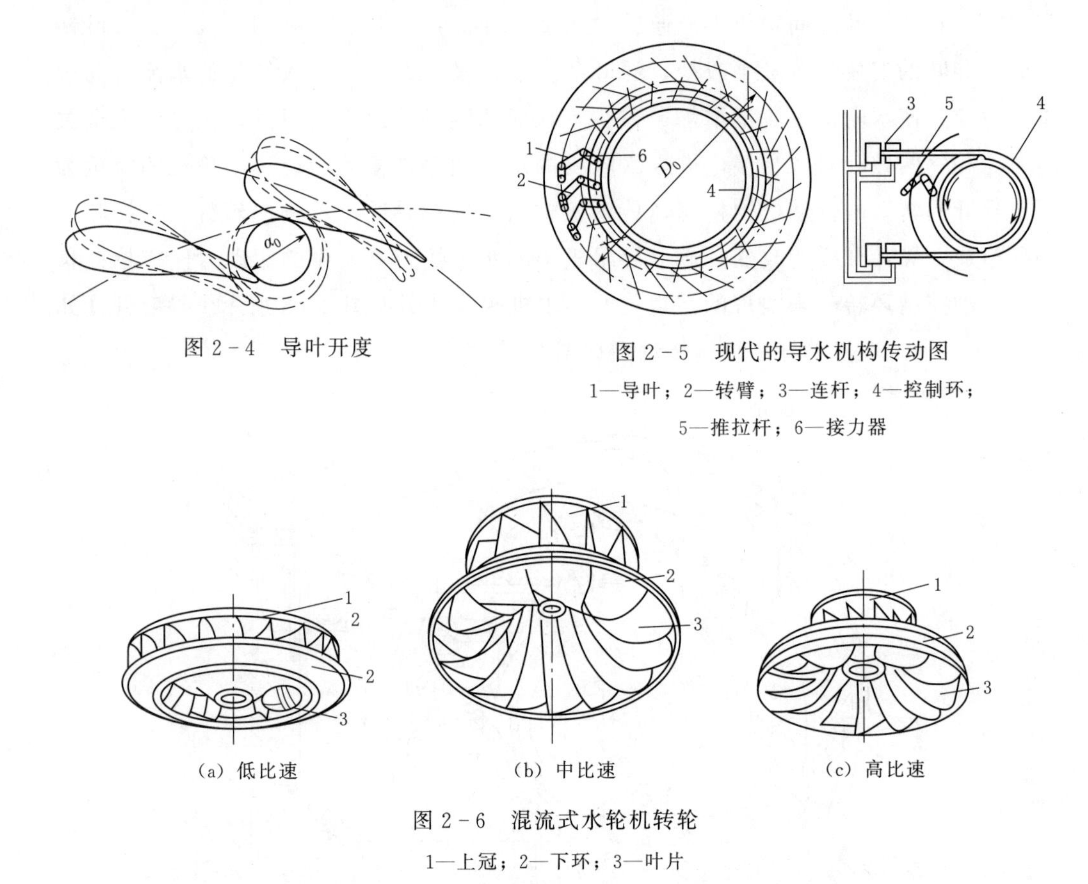

图 2-4　导叶开度

图 2-5　现代的导水机构传动图

1—导叶；2—转臂；3—连杆；4—控制环；5—推拉杆；6—接力器

(a) 低比速　(b) 中比速　(c) 高比速

图 2-6　混流式水轮机转轮

1—上冠；2—下环；3—叶片

(5) 尾水管。水流从转轮出来，经过尾水管排至下游，尾水管是一个扩散形的管子，其断面面积沿着水流方向逐渐扩大，从而使流速减小，在转轮下方形成真空，使转轮出口动能的大部分得以回收，并使转轮到下游水位之间的位能能加以利用。它收回动能的程度与其形状紧密联系，也直接影响到水轮机的经济性、安全性以及整个水电站的建筑费用。常用尾水管有两种形式：一种是直锥型尾水管，主要用于小型电站；另一种是弯肘型尾水管，主要用于大中型电站（图 2-7）。

2.1.1.2　轴流转浆式水轮机结构概述

轴流式水轮机和混流式一样有转轮、引水部件、导水部件、尾水管四大通流部件，除了蜗壳和转轮以外，其他部件与混流式相似。图 2-8 是大型轴流转浆式水轮机剖面图。

（1）引水室：水轮机引水室是一个混凝土蜗壳，这种蜗壳应用在40.00m水头以下。与金属蜗壳不同，这种蜗壳的蜗形部分仅包围导水机构圆周的180°以上，其余部分水流直接由引水管经固定导叶进入导水机构；与金属蜗壳的另一个不同之处在于，混凝土蜗壳在轴向断面上的形状是梯形（图2-9）。

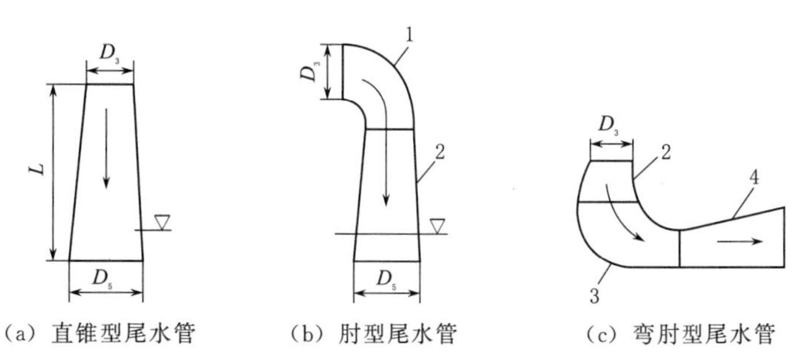

(a) 直锥型尾水管　(b) 肘型尾水管　(c) 弯肘型尾水管

图2-7 尾水管的主要形式

1—弯管；2—直锥管；3—肘管；4—扩散管

（2）转轮：为了在较低的水头下能获得一定转速，不得不缩小转轮的直径。同时为了能通过较大的流量，又不得不加大转轮的过水面积。这样一来原先的混流式水轮机的转轮由圆盘状变为喇叭状。水流从这种转轮中通过时，它在某种程度上可以视作斜流。为了进一步减少水流的摩阻力，除去转轮下环，再减少一些叶片就成了如图2-10所示的斜流式转轮。为了更进一步在低水头下获得较高的转速和较大的功率，水流为轴向的具有外轮缘的轴流式水轮机就于1912年为适应这种情况产生了（图2-11）。

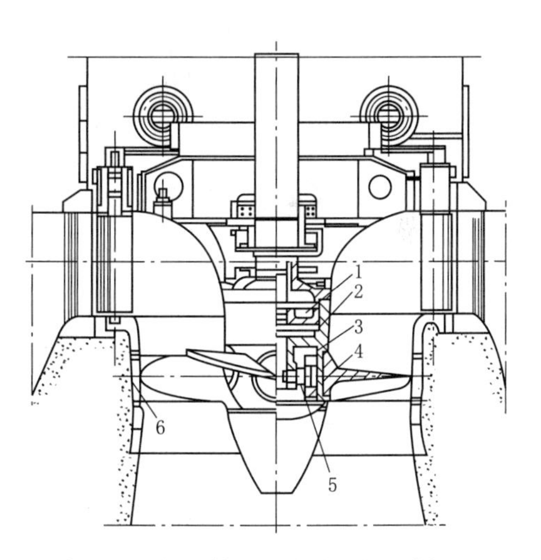

图2-8 大型轴流转桨式水轮机剖面图

1—转轮接力器活塞；2—转轮体；3—转臂；4—叶片；5—叶片枢轴；6—转轮室

轴流式水轮机的另一形式是转桨式（或称转式），实物图如图2-12所示。它是卡普兰于1916年在继1912年的螺旋桨水轮机之后提出的，故习惯上称为卡普兰式。它与螺旋桨式水轮机比起来，最大的特征是转轮轮毂（或称转轮体）内有一套转叶机构（图2-13），能使叶片随着导水机构的动作协调地旋转一个角度，以迎合经过导叶流进来的水流。转桨式水轮机转轮叶片装设在轮毂的周围，轮毂的上端面与主轴的法兰相连接，下端面装有泄水锥，用以减少叶片出流的漩涡损失和振动。在轮毂内有转叶接力器活塞，活塞受调速器的控制，在油压的作用下可上下移动。此活塞的移动又通过铰接于活塞上的连杆2

和套于叶片枢轴上的转臂 3 等组成的转叶机构带动叶片 4 转动（图 2－13）。转轮叶片的安放角是以计算位置 0 为基准，当 $\varphi>0°$时，叶片斜度增加（向打开方向），$\varphi<0°$时，倾斜度减小（向关闭方向）。叶片安放角与导叶开度 a_0 在各种水头下保持一定的协联关系，以使得水轮机能较好地适应出力和水头的变化，获得尽可能高的效率。

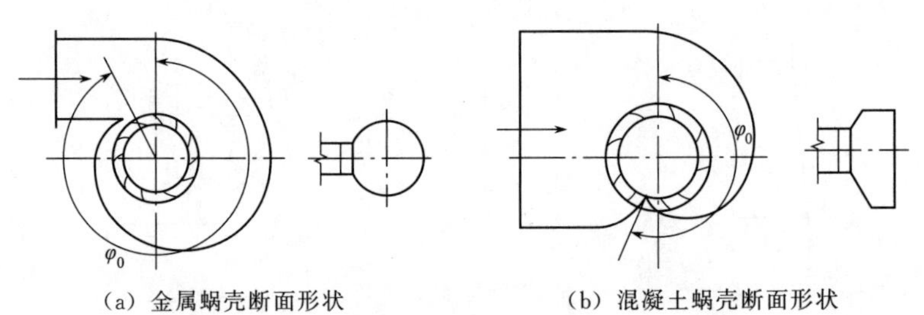

（a）金属蜗壳断面形状　　（b）混凝土蜗壳断面形状

图 2－9　金属蜗壳与混凝土蜗壳相比较

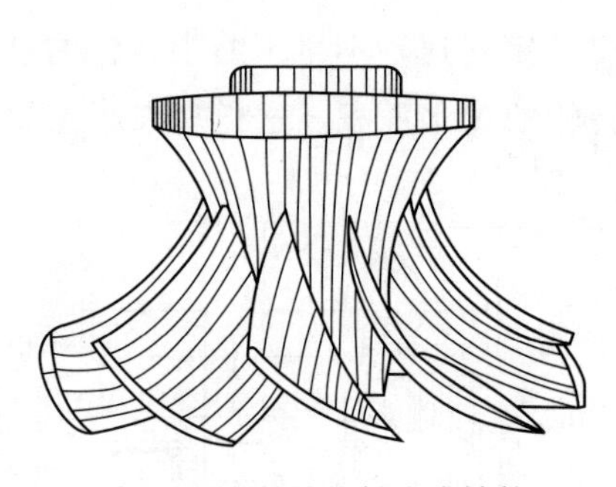

图 2－10　最早的斜流式转轮

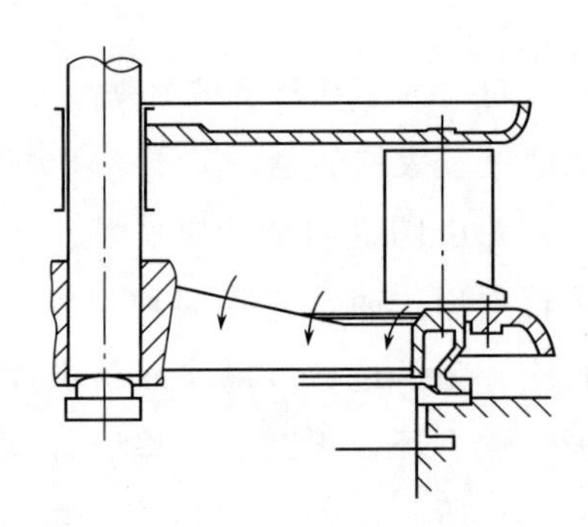

图 2－11　水流轴向的具有外轮缘的轴流式水轮机

随着应用水头的提高，叶片数目随之增加，一般根据水头不同为 4～8 片，轮毂也相应增大。为了使叶片转动时保持叶片根部与轮毂间隙最小，以减少漏水，一般将轮毂做成球形。转轮的周围是转轮室，它用锚栓、拉钩等固定于混凝土或钢衬上，以使转轮室承受转轮工作时所造成的水压力脉动。转轮室与叶片外缘间的间隙应尽可能得小，通常它与转轮的直径 D_1 有关，一般要求间隙 $\delta=0.001D_1$，以尽可能地减少水流的漏损，提高水轮机的效率。为便于从上部吊装转轮，转轮室（图 2－14）表面在叶片转动的轴线以上做成圆柱形，为保证叶片转动时间隙保持不变，在叶片轴线以下的转轮室内表面做成球形。

图 2－12　轴流式水轮机转轮实物图

另外，导水机构除了一般混流式水轮机所常用的圆柱式外，还有圆锥式及圆盘式等（图 2－15）。

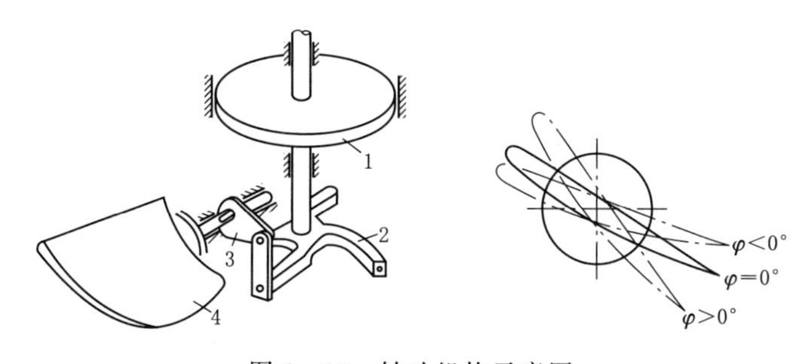

图 2－13　转叶机构示意图

1—转叶接力；2—连杆；3—转臂；4—叶片

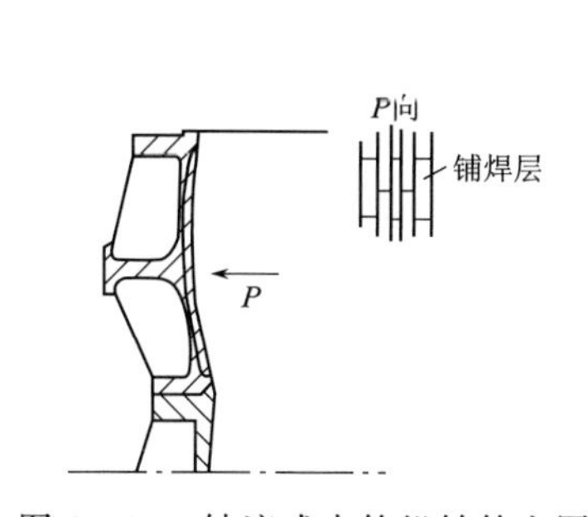

图 2－14　轴流式水轮机转轮室图

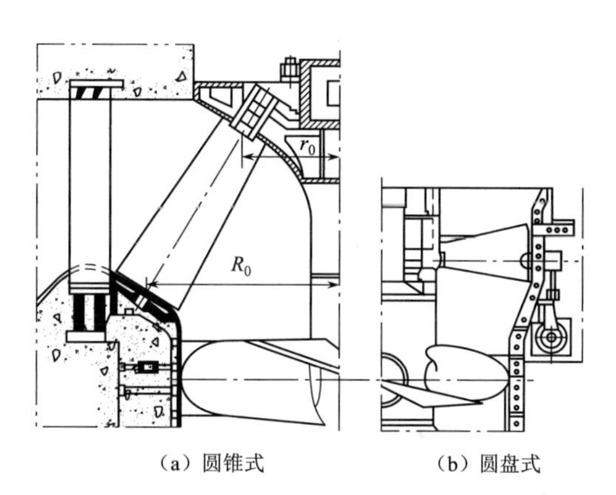

（a）圆锥式　（b）圆盘式

图 2－15　圆锥式及圆盘式导水机构

2.1.1.3　斜流转桨式水轮机结构概述

如上所述，轴流转桨式水轮机的工作水头受到限制，一般轴流式的水头范围为 3.00～80.00m。然而，转轮叶片能配合导叶转动总是一个非常有利的特点，它促使水轮机工作者去研究和发扬这个特点。由斜流式演变到轴流式时，它的适用水头逐步降低，因此，完全可以认为由轴流转桨回到斜流转桨时，水头大幅度提高了。图 2－16 是斜流转桨式水轮机结构图。

斜流转桨式水轮机的座环、导水机构、导叶传动机构与轴流式的一样，其主要差别是转轮和转轮室的形状和结构。具有轴颈的转轮叶片 2 安装在圆锥形的轮毂 1 上，并与主轴成 90°角。每个轴颈上有叶片转臂 4，叶片转臂利用球铰与凸轮 5 连接。连杆由从动盘 6 驱动，以达到同时把全部叶片转过同一角度的目的。斜流式转轮的轮毂比 d_B/D_1 可以比轴流转桨式的大。通常其 $d_B/D_1=0.5～0.6$，而轴流转桨式的 $d_B/D_1=0.35～0.5$。转轮室为球形，以保证不同转角下均有相同的间隙。这个间隙要求很小，一般不超过 $0.001D_1$。

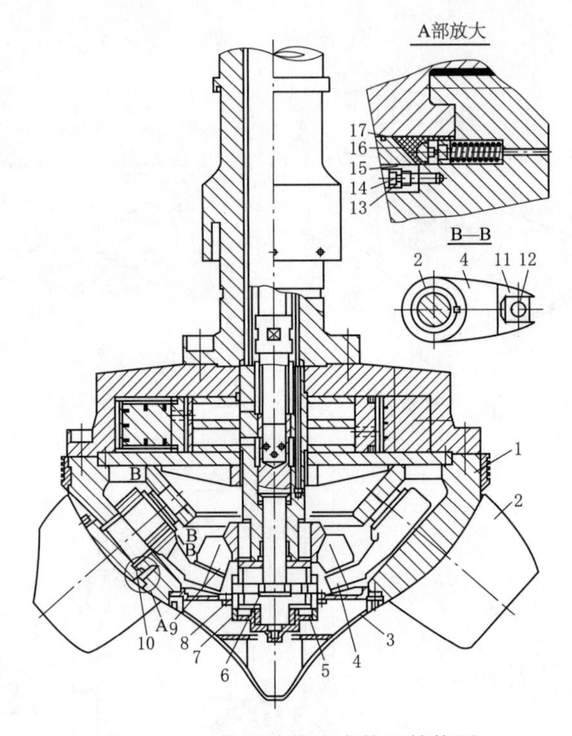

图 2－16　斜流转桨式水轮机结构图

1—轮毂；2—叶片；3—泄水锥；4—叶片转臂；5—凸轮；6—从动盘；7—导向套；8—滚动轴承；9—操作盘；10—叶片密封；11—滑块；12—滑块销；13—压盖；14—螺钉；15—垫环；16—入型密封；17—弹簧

2.1.1.4　贯流式水轮机结构概述

当轴流式水轮机的主轴水平（或倾斜），转轮前后过流道为直线形或近于直线形，导水机构是圆盘式或圆锥式，而又采用了直尾水管时，则为贯流式水轮机。图 2－17 为全贯流式水轮机结构简图，轴承 1 和轴承 2、推力轴承 3 及受油器 4 布置在管状壳体

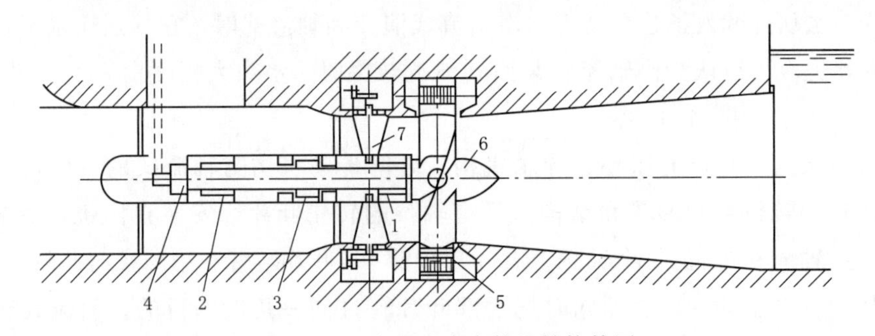

图 2－17　全贯流式水轮机结构简图

1、2—轴承；3—推力轴承；4—受油器；5—发电机转子；6—转轮；7—导水机构

内，直接装在转轮 6 的外缘的发电机转子与定子一起布置在环形坑内，导水机构 7 是圆盘式的。显然，在整个水轮机中水流沿轴向流动。实物图如图 2-18 所示。

图 2-18 贯流式水轮机实物图

把发电机安装在灯泡状的机室内就称为灯泡式（或半贯流式）机组。在这种机组中导水机构为圆锥式，尾水管中的水流不转弯，因此水力损失也较小。这种水轮机比同水头同直径的立式机组功率增大 20%～35%，厂房造价也可低 10%～15%。低水头水电站采用灯泡式机组的趋势越来越大。

2.1.2 冲击式水轮机

水斗式水轮机有以下过流部件，它们的功能如下：

(1) 喷嘴：由压力水管来的水流经喷嘴后形成一股射流冲击到转轮上，在喷嘴内水流的压力能转换成射流的动能。

(2) 喷针：借助于喷针的移动，改变由喷嘴喷出的射流直径，因而也改变了水轮机的流量。

(3) 转轮：它由圆盘和固定在它上面的若干个水斗组成，射流冲向水斗，将自己的动能传给水斗，从而推动转轮旋转做功。

(4) 折向器：它位于喷嘴和转轮之间，当水轮机突减负荷时，折向器迅速地使喷向水斗的射流偏转，同时缓慢地关闭喷针到新负荷相应位置，以避免压力水管中引起过大的压力上升，当喷针稳定在新位置后，折向器又回到射流旁边，准备下一次动作。

(5) 机壳：使做完功的水流流畅地排至下游，机壳内压力与大气压相当。机壳也用来支承水轮机轴承。图 2-19 是一个双喷嘴水斗式水轮机剖面图，由压力输水管来的水流经由喷嘴 4 后冲击在转轮 2 的斗叶上。水斗形状见图 2-20（A—A，B—B）截面，射流进入叶片时被刀刃分成相等的两部分，被分开的这两部分水流绕流斗叶后，速度的大小和方向发生了改变，从而产生作用在叶片上的力，使叶片对转轮轴心形成一个旋转力矩。流量的调节是通过移动喷针以改变喷嘴出口的环形过水断面来实现的，而喷针的移动是由调速器控制的接力器来操控的。

水流沿很长的压力水管到达喷嘴，当喷嘴快速关闭时，在压力水管中会发生水锤。为避免由于喷嘴快速动作而造成的水锤，在喷嘴前面装有折向器（图 2-21），当要求快速减小水轮机输出功率时，信号作用在折向器接力器上，操纵折向器快速动作（2～3s），以偏转射流，从而达到减小功率的要求。信号也同时作用于喷针，但是以缓慢的动作移动，从而使喷嘴的出流缓慢地减小（15～40s），避免了较大的水锤压力升高，随着喷针的关闭，折向器不接触射流，各系统处于正常位置。喷嘴和转轮均置于机壳内，以防水流溅入厂房。有时在机壳内装有制动喷嘴，在关闭喷嘴停机时打开，让制动水流冲击在斗叶背面上，使机组较快停车。

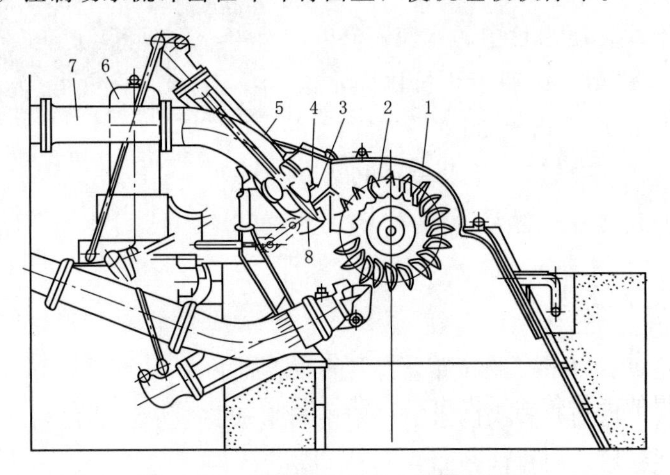

图 2-19　双喷嘴水斗式水轮机剖面图

1—机壳；2—转轮；3—喷针；4—喷嘴；5—喷嘴管；6—调速器；7—压力输水管；8—偏流器

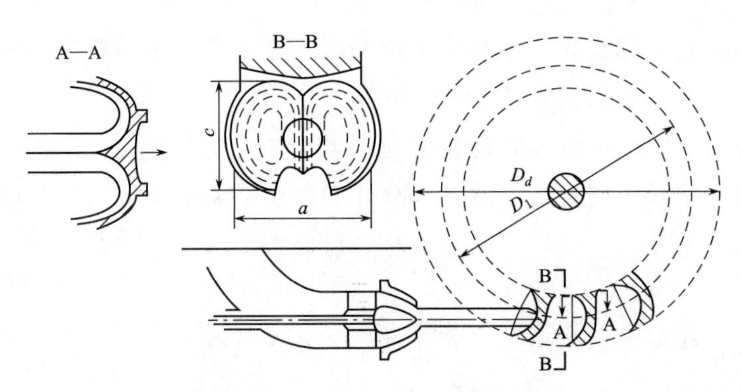

图 2-20　水斗式水轮机工作原理

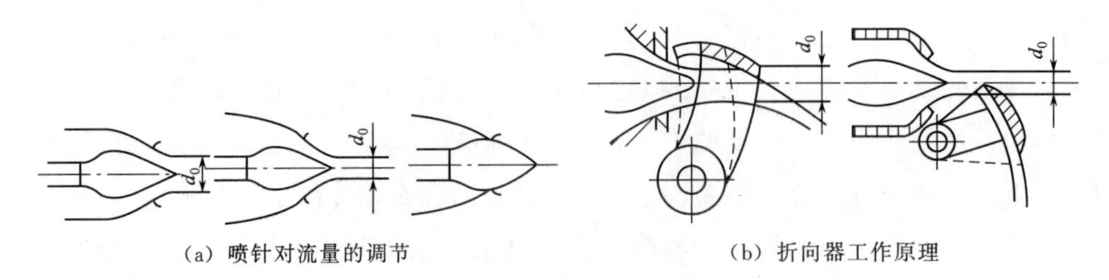

(a) 喷针对流量的调节

(b) 折向器工作原理

图 2-21　射流的控制

另外，冲击型水轮机的泄水部件是一个建筑在转轮下方的尾水槽，它几乎与水轮机无直接联系，因而也不具有尾水管的那些作用，只是用它将由转轮流出的水引向下游。因而冲击型水轮机的泄水部件，不像反击型水轮机那样重要，也可以不作为冲击型水轮机的组成部分，尾水槽如图2-22所示。

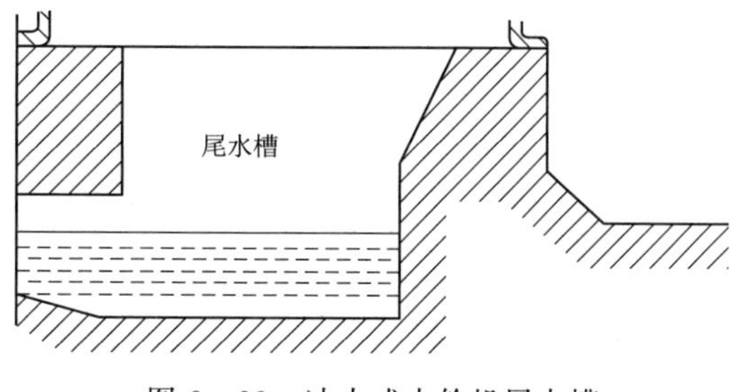

图2-22 冲击式水轮机尾水槽

2.2 水轮发电机组的工作原理

水流经引水道进入水轮机，由于水流和水轮机相互作用，水流便把自己的能量传给了水轮机，水轮机获得了能量后开始旋转做功。因为水轮机和发电机相连，水轮机便把它获得的能量传给了发电机，带动发电机转子旋转，在定子内感应出电势，带上外负荷后便输出了电流。水流流经水轮机时，水流能量发生改变的过程，就是水轮机的工作过程。水轮机的工作参数是表征水流通过水轮机时水流能量转换为转轮机械能过程中的一些特性的数据。水轮机的基本工作参数主要有水头 H、流量 Q、转速 n、出力 P 与效率 η。

1. 水头 H

水总是由高处向低处流，这就是水流流动的客观规律，它不以人们的意志而转移，人们只能利用这一规律。水流为什么能从高处流向低处呢？从能量的观点来说，就是高处的水流能量大，低处水流能量小，这样高处与低处就自然形成一个水流能量差。根据能量不灭定律，这种能量差不能消灭，它只能通过由高处向低处流动而做功，将水流能量差转变成其他形式的能量。当某河段修建水电站装置水轮机后，水流便由水轮机进口经水轮机流向出口，这就是在水轮机进口和出口存在着能量差，其大小可以根据水流能量转换规律来确定。

水轮机的水头（亦称工作水头）是指水轮机进口和出口截面处单位重量的水流能量差，单位为m。

对反击式水轮机，进口断面取在蜗壳进口处Ⅰ—Ⅰ断面，出口取在尾水管出口Ⅱ—Ⅱ断面。水电站和水轮机水头示意图如图2-23所示。列出水轮机进、出口断面的能量方程，根据水轮机工作水头的定义可写出其基本表达式：

$$H=E_{\mathrm{I}}-E_{\mathrm{II}}=\left(Z_{\mathrm{I}}+\frac{p_{\mathrm{I}}}{\gamma}+\frac{\alpha_{\mathrm{I}}v_{\mathrm{I}}^{2}}{2g}\right)-\left(Z_{\mathrm{II}}+\frac{p_{\mathrm{II}}}{\gamma}+\frac{\alpha_{\mathrm{II}}v_{\mathrm{II}}^{2}}{2g}\right) \quad (2-1)$$

式中　E——单位重量水体的能量，m；

Z——相对某一基准的位置高度，m；

p——相对压力，N/m^2 或 Pa；

v——断面平均流速，m/s；

α——断面动能不均匀系数；

γ——水的重度，其值为 9810 N/m^3；

g——重力加速度，9.81 m/s^2；

Ⅰ、Ⅱ——作为下脚标，分别代表断面Ⅰ、断面Ⅱ。

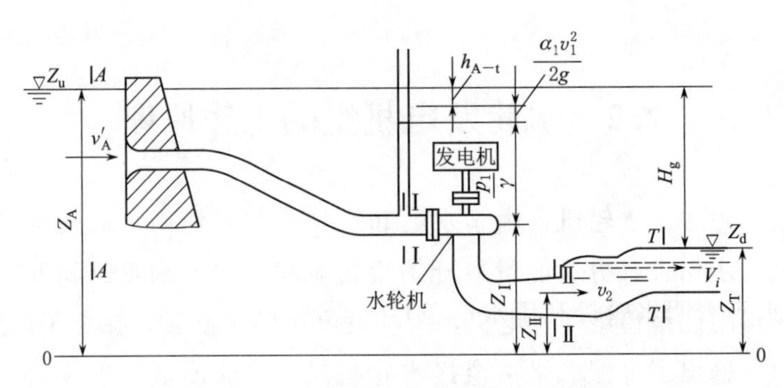

图 2-23　水电站和水轮机水头示意图

在式（2-1）中，计算常取 $\alpha_Ⅰ = \alpha_Ⅱ = 1$，$\alpha v^2/2g$ 称为某截面的水流单位动能，即比动能，m；p/γ 称为某截面的水流单位压力势能，即比压能，m；Z 称为某截面的水流单位位置势能，即比位能，m。$\alpha v^2/2g$、p/γ 与 Z 的三项之和为某水流截面水的总比能。

水轮机水头 H 又称净水头，是水轮机做功的有效水头。上游水库的水流经过进水口拦污栅、闸门和压力水管进入水轮机，水流通过水轮机做功后，由尾水管排至下游，在这一过程中，产生水头损失 Δh。上、下游水位差值称为水电站的毛水头 H_g，其单位为 m。因而，水轮机的工作水头又可表示为

$$H = H_g - \Delta h \tag{2-2}$$

式中　H_g——水电站毛水头，m；

Δh——水电站引水建筑物中的水力损失，m。

从式（2-2）可知，水轮机的水头随着水电站的上下水位的变化而改变，常用几个特征水头表示水轮机水头的范围。特征水头包括最大水头 H_{max}、最小水头 H_{min}、加权平均水头 H_α、设计水头 H_r 等，这些特征水头由水能计算给出。

（1）最大水头 H_{max} 是允许水轮机运行的最大净水头。它对水轮机结构的强度设计有决定性的影响。

（2）最小水头 H_{min} 是保证水轮机安全、稳定运行的最小净水头。

（3）加权平均水头 H_{α} 是在一定期间内（视水库调节性能而定），所有可能出现的水轮机水头的加权平均值，是水轮机在其附近运行时间最长的净水头。

（4）设计水头 H_r 是水轮机发出额定出力时所需要的最小净水头。对冲击式水轮机，以单喷嘴切击式为例（图 2-24），切击式水轮机工作水头定义为喷嘴进口断面与射流中心线跟转轮节圆相切处单位重量水流能量之差，即

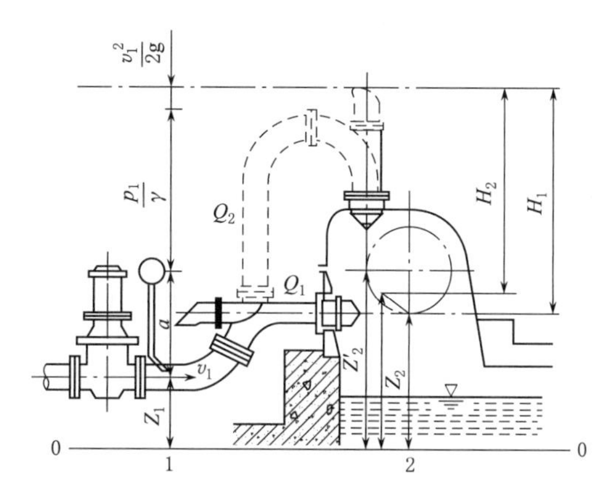

图 2-24　卧轴水斗式水轮机的工作水头

$$H=\left(Z_1+\frac{p_1}{\gamma}+\frac{\alpha_1 v_1^2}{2g}\right)-Z_2 \tag{2-3}$$

水轮机的水头表明水轮机利用水流单位机械能的多少，是水轮机最重要的基本工作参数，其大小直接影响着水电站的开发方式、机组类型以及电站的经济效益等技术经济指标。

2. 流量 Q

水轮机的流量是单位时间内通过水轮机某一既定过流断面的水流体积，常用符号 Q 表示，常用的单位为 m^3/s。在设计水头下，水轮机以额定转速、额定出力运行时所对应的水流量称为设计流量。

3. 转速 n

水轮机的转速是水轮机转轮在单位时间内的旋转次数，常用符号表示，常用单位为 r/min。

4. 出力 P 与效率 η

水轮机出力是水轮机轴端输出的功率，常用符号 P 表示，常用单位为 kW。

水轮机的输入功率为单位时间内通过水轮机的水流的总能量，即水流的出力，常用符号 P_n 表示，则

$$P_n=\gamma QH=9.81QH(\text{kW}) \tag{2-4}$$

由于水流通过水轮机时存在一定的能量损耗，因此水轮机出力 P 总是小于水流出力 P_n。水轮机出力 P 与水流出力 P_n 之比称为水轮机的效率，用符号 η_t 表示。即

$$\eta_t=\frac{P}{P_n} \tag{2-5}$$

由于水轮机在工作过程中存在能量损耗，故水轮机的效率 $\eta_t<1$。

由此，水轮机的出力可写成

$$P=P_n\eta_t=9.81QH\eta_t(\text{kW}) \tag{2-6}$$

水轮机将水能转化为水轮机轴端的出力，产生旋转力矩 M 用来克服发电机的阻抗力矩，并以角速度 ω 旋转。水轮机出力 P、旋转力矩 M 和角速度 ω 之间的关系式为

$$P=M\omega=\frac{M2\pi n}{60}(\text{W}) \tag{2-7}$$

式中　ω——水轮机旋转角速度，rad/s；

M——水轮机主轴输出的旋转力矩，N·m；

n——水轮机转速，r/min。

2.3　水轮机相关基本方程

对反击式水轮机，压力水流以一定的速度流进转轮时，由于空间扭曲叶片所形成的流道对水流产生约束，使水流不断地改变其运动的速度大小和方向，因而水流给叶片以反作用力，迫使转轮旋转做功。为了进一步从理论上说明水流能量如何在水轮机转轮中转变为旋转机械能，可应用动量矩定律来分析。

动量矩定律为单位时间内水流质量对水轮机主轴的动量矩变化应等于作用在该质量上全部外力对同一轴的力矩总和。

由于进入转轮中的水流是轴对称的，因此可以取整个转轮来进行分析。水流质量的动量矩与水流的速度成正比，转轮中水流的绝对速度 $\vec{V}$ 可分解为三个正交分量，即 $\vec{V_u}$、$\vec{V_x}$ 和 $\vec{V_r}$，其中 $\vec{V_r}$ 通过轴心，而 $\vec{V_x}$ 又与主轴平行，因此两者都不对主轴产生速度矩。由此，根据动量矩定律得出

$$\frac{\mathrm{d}(mV_u r)}{\mathrm{d}t}=\sum M_w \tag{2-8}$$

m 为 $\mathrm{d}t$ 时间内通过水轮机转轮的水体质量，当进入转轮的有效流量为 Q_e 时，则有

$$m=\rho Q_e\mathrm{d}t=\frac{\gamma Q_w}{g}\mathrm{d}t$$

式中　r——半径；

$\sum M_w$——作用在水体质量 m 上所有外力对主轴力矩的总和。

当水轮机在稳定工况工作时，转轮中的水流运动可认为是恒定流动，根据水流连续定理，流进转轮和流出转轮的流量不变，均为有效流量 Q_e。因此，单位时间内进入转轮外缘的动量矩为 $\frac{\gamma Q_e}{g}V_{u1}r_1$，流出转轮内缘的动量矩为 $\frac{\gamma Q_e}{g}V_{u2}r_2$，在单位时

间内水流质量 m 动量矩的增量，即$\frac{d(mV_ur)}{dt}$应等于此质量在转轮出口处与进口处的动量矩之差，即

$$\frac{d(mV_ur)}{dt}=\frac{\gamma Q_e}{g}(V_{u2}r_2-V_{u1}r_1) \tag{2-9}$$

对于式（2-1）右端的外力矩$\sum M_w$，首先分析作用在水流质量上的外力，再论述外力形成力矩的情况：

（1）转轮叶片对水流的作用力：它迫使水流改变其运动的方向与速度的大小，该作用力对水流质量产生相对主轴的旋转力矩，其反作用力矩就是水轮机转轮能够转动的动力源。

（2）转轮外的水流在转轮进、出口处的水压力：转轮内水流是轴对称的，压力通过轴心，对主轴不产生作用力矩。

（3）上冠、下环内表面对水流的压力：由于这些内表面均为旋转面，故此压力也是轴对称的，不产生作用力矩。

（4）重力：水流质量重力的合力方向与轴线重合或平行，故对主轴也不产生力矩。

另外还有控制面的摩擦力，其作用反映在水轮机的效率中，此处暂不考虑。这样，作用在水流质量上的外力矩就仅有转轮叶片对水流的作用力所产生的力矩 M_0，即$\sum M_w=M_0$。

水流对转轮的作用力矩记为 M，根据作用力与反作用力定律，它与转轮对水流的作用力矩 M_0 在数值上相等而方向相反，即 $M=-M_0$，则有

$$M=\frac{\gamma Q_e}{g}(V_{u1}r_1-V_{u2}r_2) \tag{2-10}$$

式（2-3）初步说明了水轮机中水流能量转换为旋转机械能的基本平衡关系。为了应用方便，常将这种机械力矩 M 乘以转轮的旋转角速度 ω，用功率的形式来表达，这样可得出水流作用于转轮上的功率为

$$N=M\omega=\frac{\gamma Q_e}{g}(V_{u1}r_1-V_{u2}r_2)\omega \tag{2-11}$$

即

$$N=\frac{\gamma Q_e}{g}(V_{u1}U_1-V_{u2}U_2)\omega$$

通过水轮机水流的有效功率为

$$N=\gamma Q_e H\eta_s \tag{2-12}$$

式中　η_s——水力效率。

将式（2-12）代入式（2-11）得

$$H\eta_s=\frac{\omega}{g}(V_{u1}r_1-V_{u2}r_2) \tag{2-13}$$

或

$$H\eta_s=\frac{1}{g}(U_1V_{u1}-U_2V_{u2}) \tag{2-14}$$

由水轮机速度三角形的关系可知 $V_u=V\cos\alpha$，因此式（2-14）亦可写成

$$H\eta_s=\frac{1}{g}(U_1V_1\cos\alpha_1-U_2V_2\cos\alpha_2) \tag{2-15}$$

式（2-6）～式（2-8）均可称为水轮机的基本方程式，它们只是表达的形式有所不同。当水轮机的角速度 ω 保持一定时，则上列方程式说明了单位重量水流的有效出力是和转轮进、出口速度矩的改变相平衡的，因此速度矩的变化是转轮做功的主要依据。

水轮机的基本方程式还可以用环量来表示。转轮的速度环量 $\Gamma=2\pi V_u r$，可以看作是速度 V_u 沿圆周所做的功。将式（2-13）右端先除以 2π，再乘以 2π 可得

$$H\eta_s=\frac{\omega}{2\pi g}(2\pi V_{u1}r_1-2\pi V_{u2}r_2)=\frac{\omega}{2\pi g}(\Gamma_1-\Gamma_2) \tag{2-16}$$

进口速度环量口 Γ_1 主要由蜗壳和导水机构所形成，Γ_2 为出口损失的速度环量，因此转轮的输出功率主要决定于转轮进口与出口的速度环量变化。

由进出口的速度三角形可得

$$W_1^2=V_1^2+U_1^2-2U_1V_1\cos\alpha_1=V_1^2+U_1^2-2U_1V_{\alpha1}$$

$$W_2^2=V_2^2+U_2^2-2U_2V_2\cos\alpha_2=V_2^2+U_2^2-2U_2V_{\alpha2}$$

将上述关系式代入式（2-13）或式（2-14）中得

$$H\eta_s=\frac{V_1^2-V_2^2}{2g}+\frac{U_1^2-U_2^2}{2g}-\frac{W_1^2-W_2^2}{2g} \tag{2-17}$$

式（2-10）为又一种形式的水轮机基本方程式，它明确地给出了水轮机有效水头与速度三角形中各速度之间的关系。式中，第一项为水流作用在转轮上的动能水头，第二、第三项为势能水头，分别用于克服水流因旋转产生的离心力和加速转轮中水流的相对运动。

对轴流式水轮机，式（2-17）中 $U_1=U_2$，此时水轮机的有效水头 $H\eta_s$ 便取决于绝对速度和相对速度，但它们不能过分增大，否则会增加水力损失，这也就限制了轴流式水轮机的水头应用范围。水轮机基本方程式都给出了水轮机有效水头与转轮进出口水流运动参数之间的关系。它们实质上也都表明了水轮机中水能转换为转轮旋转机械能的基本平衡关系，是自然界能量守恒定律的另一种表现形式。反击式水轮机转轮就是依靠流道的约束，不断改变水流的速度大小和方向，将水流能量以作用力的形式不断地传递给转轮，使得转轮不断旋转做功。

对于反击式水轮机，转轮之所以能够转动，也就是对于转轮叶片上的作用力是如何形成的，我们可以从水轮机的流道形状和叶片形状来分析理解。混流式水轮机两叶片之间的流道由上冠、下环和叶片共同构成，叶片的形状在空间上是一个扭曲面，其剖面是头部厚、尾部薄，呈流线型，类似于飞机机翼的形状，如图2-25所示，这种剖面形状称为翼型，在水轮机中也常称之为叶型。翼型的凹面构成叶片的正面，凸面构成叶片的背面：水流流经这样的翼型，流线会发生变化，在翼型头部分离点，正面和背面属于同一个点，压力相同，之后，从叶片进口到叶片出口，翼型凸面流速大于凹面流速，在叶片尾部出口汇合处又归于同一个点，压力也相同。这样的流速变化过程，使得叶片凹面压强大于凸面压强，因而在翼型上受到一个从凹面指向凸面的作用力，这个作用力就是翼型的升力 P_y，由于存在流体阻力，升力与阻力的合力 F_y，指向翼型后上方。升力的大小由著名的H. E. 茹可夫斯基定理确定，即

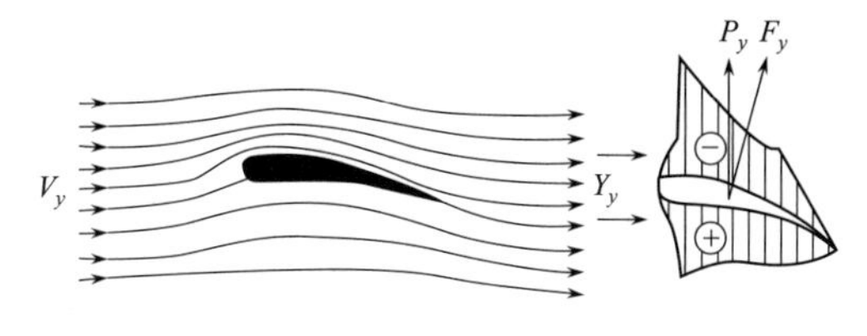

图2-25 翼型上的作用力

$$P_y = \rho V_y \Gamma \tag{2-18}$$

式中 ρ——流体密度；

V_y——翼型来流流速；

Γ——包围翼型的封闭围线上的环量值。

由此可见，水流对翼型的作用力大小由翼型周围的速度环量决定。这个力的圆周分量构成了转轮的旋转动力，轴向分量构成水轮机的轴向水推力。反击式水轮机转轮叶片上的作用力就是依靠叶片正面（也称工作面）与背面的压力差而形成的，转轮正是在这个力的作用下被推着旋转。如图2-26所示为混流式转轮叶片上环量、速度及工作面与背面的压力分布情况。

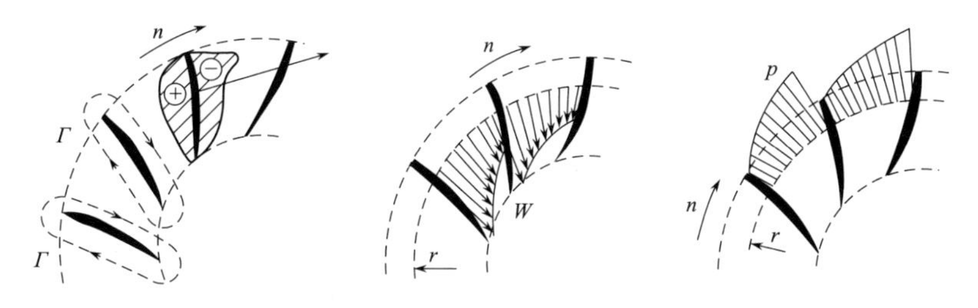

图2-26 混流式转轮叶片上环量、速度及工作面与背面的压力分布

本章深入剖析了水轮发电机组的构造和其背后的能量转换原理，通过对水轮机各部件的详细描述，揭示了如何将水能高效转换为机械能，进而通过发电机转化为电能。同时，本章还探讨了影响水轮发电机组效率的关键因素，包括水头、流量、

导叶开度以及转速等，同时附录A给出了水轮发电机组的性能评估与监测、试验方法，附录B给出了水轮发电机组的主要故障类型及原因，为读者提供了一个全面而深入的技术视角，使其能够更好理解水轮发电机组在水电站中的核心作用及其在可持续能源发展中的重要性。

2.4　风力发电机组类型

风力发电是将风的动能转化为机械能，最终通过机械能转化成为电能的发电型式，这一能量转化过程通过风力发电机组实现。在从风能到电能的能量转换过程中，风速的大小和方向是随机变化的，因此也要求风力发电机组要以最经济、最可靠的方式并网运行，并且时刻满足电网负荷变化需要。因此风力发电机组设备需要首先考虑如何应对自然风况随机变化，控制风力发电机组实现自动并网与脱网，以及对运行过程中的故障实现检测和保护；还要考虑运行过程中机组能否高效获取和转化风能，即如何控制风力发电机组使其在各种风况下均能高效地将风能转换成机械能；同时还要考虑风力发电机组的供电质量及满足电网的相关并网技术要求。风力发电机组经过了不断的技术改进和更新，单机容量不断增大，从当初的单机容量几百上千瓦功率发展到现在的兆瓦级大型并网发电机组，目前陆上投运的风力发电机组单机最大容量已达到3MW，海上风力发电机组单机最大容量已达到5MW。风力发电机组的种类很多，具体分类见表2-1。

表2-1　　风力发电机组类型

依据	以流体力学区分	以形状区分	以发电原理区分	以转速区分
分类	扬力型	水平轴式	感应型	恒速式
	抗力型	垂直轴式	同步型	变速式

目前，水平轴三桨叶风力发电机组装机规模占比最大，是当前风力发电市场的主流机型。风力发电机组中发电机是将风力动能转化成为电能的关键大部件，根据风力发电机组发电机升速模式不同可分为齿轮箱升速型和直驱型。直驱风力发电机组是风力发电机组叶轮与低速励磁同步发电机相连，或是风力发电机组叶轮与永磁体同步发电机相连，发电机出口电能通过全功率变频器转换成电网标准下的电能后上网送出，直驱风力发电机组不用安装升速用的齿轮箱。但是直驱风力发电机组没有升速齿轮箱，发电机转速较低，为满足输出功率直驱风力发电机组发电机质量和体积都很大，需要大功率变频器满足功率输出，这对变频器的技术要求较高，制造成本也相应增加，而齿轮箱升速型风力发电机组利用齿轮箱将风力发电机组叶轮转速提升至发电机的额定转速，因此发电机体积和质量都较直驱型风力发电机组小，

同时通过采用双馈式发电机组直接实现并网，所需变频器功率也较小，电气系统的运维成本相对降低。

2.4.1 双馈式风力发电机组

当风吹动风轮机转动时，风轮机将其捕获的风能转化为机械能再通过齿轮箱传递到双馈电机，双馈电机将机械能转化为电能，再经变流器及变压器将其并入电网。通过系统控制器及变流器对桨叶、双馈电机进行合理的控制使整个系统实现风能的最大捕获。同时，通过对变桨机构、变流器及Crowbar保护电路的控制来应对电力系统的各种故障。

双馈式风力发电系统（图2-27）的定子与转子两侧都可以馈送能量，正常工作时，定子绕组并入工频电网，转子绕组由一个频率、幅值、相位都可以调节的三相变频电源供电，转子励磁系统通常采用交—直—交变频电源供电。

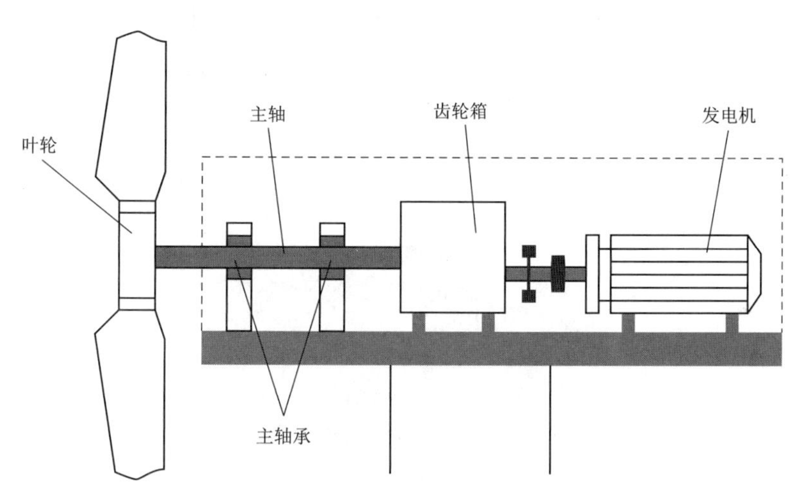

图2-27　双馈式风力发电系统结构

当发电机转子转速 n_r 发生变化时，若调节转子电流频率 f_2 相应变化，可使电网频率 f_1 保持恒定不变，实现双馈异步发电机的变速恒频控制。

$$n_1 = n_r \pm n_2$$

式中　n_1——对应于电网频率 f_1 时异步发电机的同步转速，r/min。

亚同步状态：当 $n_r < n_1$ 时，电机处于亚同步速运行状态，转子旋转磁场相对于转子的旋转方向与转子旋转方向相同，变频器向转子提供交流励磁，定子向电网馈出电能。

超同步状态：当 $n_r > n_1$ 时，电机处于超同步速运行状态，转子旋转磁场相对于转子的旋转方向与转子旋转方向相反，此时定子、转子均向电网馈出电能。

同步状态：当 $n_r = n_1$ 时，$f_2 = 0$，变频器向转子提供直流励磁，此时电机作为普通隐极式同步发电机运行。

2.4.2　直驱式风力发电机组

随着风速的变化，发电机的转速也变化，发电机输出的电压幅值和频率是变化的，而电网的电压幅值和频率是恒定的。全功率变频风力发电机在发电机定子与电网间连接了一个与发电机功率相同的变频器，将发电机发出的电压、频率不同的电力，经过整流、逆变后变成与电网电压、频率相同的电力，输入电网。全功率变流器由直流环节连接两组电力电子变换器组成的背靠背变频系统。这两个变频器分别为电网侧变换器和发电机侧变换器。发电机侧变换器接受感应发电机产生的有功功率，并将功率通过直流环节送往电网侧变换器。发电机侧变换器也用来通过感应发电机的定子端对感应发电机励磁。电网侧变换器接受通过直流环节输送来的有功功率，并将其送到电网，即它平衡了直流环节两侧的电压。根据所选的控制策略，电网侧变换器也用来控制功率因数或支持电网电压。直驱式风力发电系统结构如图 2-28 所示。

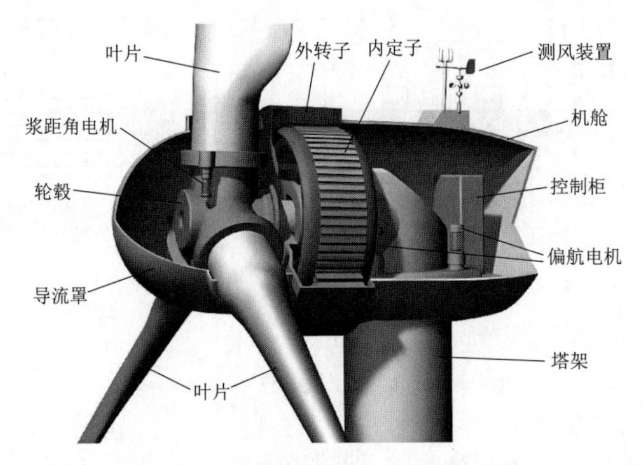

图 2-28　直驱式风力发电系统结构

2.4.3　风力发电机组相关基本方程

1. 风力机采集风能的基本计算公式

风力机采集风能的基本计算公式是风能利用和风力机设计中的重要工具。通过计算结果的分析，可以进一步了解风能的大小和变化趋势以及风力机的性能和风能资源的潜力，即

$$P = (C_P \times \rho \times v^3 \times A)/2$$

式中　C_P——风能利用系数（power coefficient），表示风机捕获风能的能力，$C_P = P_{capture}/P_{wind}$；

ρ——空气密度，与海拔、水汽压（即湿度）有关，kg/m^3；

v——风速，通常按轮毂高度处风速计算，m/s；

A——叶轮扫风面积，m^2。

2. 叶尖速比

叶尖速比是风力发电机组的关键参数，对风力发电机的性能和成本有着重要影响。不同类型风力发电机叶片设计不同，最佳叶尖速比也不同。例如，水平轴风力发电机最佳叶尖速比通常在6～12之间，而垂直轴风力发电机最佳叶尖速比通常在1～3之间。风力发电机组设计人员和运行人员需要充分理解叶尖速比的含义、影响因素和应用，以便更好地设计、运行和控制风力发电机组。

风轮叶片叶尖线速度与风轮上游未受扰动的气流速度之比，用λ表示，即

$$\lambda = \frac{\omega R}{v_\infty}$$

式中　ω——风轮转动角速度，rad/s；

R——风轮半径，m；

v_∞——风轮上游未受扰动的气流速度，m/s。

在风速给定的情况下，风轮获得的功率将取决于风能利用系数。如果在任何风速下，风力机都能在C_{Pmax}点运行，便可增加其输出功率。而只要使得风轮的叶尖速比$\lambda = \lambda_{opt}$，就可维持风力机在C_{Pmax}下运行。桨距角不变时的风力机性能曲线如图2-29所示。

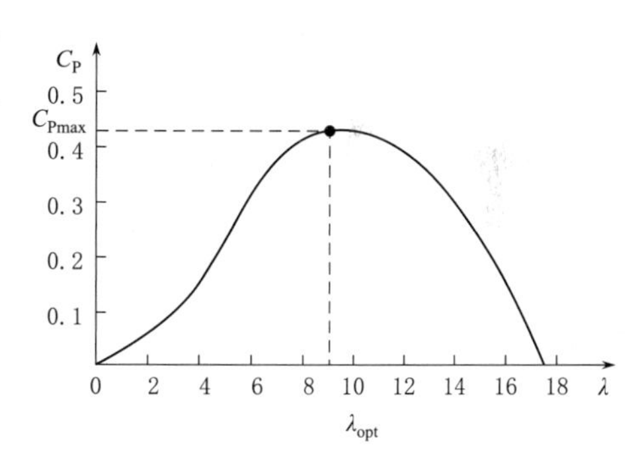

图2-29　桨距角不变时的风力机性能曲线

风速变化时，只要调节风轮转速（也即调节发电机的转速），使其叶尖速度与风速之比保持不变，就可获得最佳的风能利用系数。这就是变速风力发电机组进行转速控制的基本目标。

第3章　可靠性基本理论

3.1　可靠性概念

可靠性工程是一门研究产品缺陷或故障的发生和发展的规律，进而解决缺陷或进行故障的预防和纠正从而使缺陷或故障不发生或尽可能少发生的学科。因此，有学者说可靠性工程是一门与故障做斗争的学科。产品的可靠性问题是产品使用过程中暴露的影响使用的典型的工程实践问题，而不是有人所说的可靠性工程是很“玄”、非常难以琢磨的高深的数学问题。数学在可靠性工程中的作用不可否认，它可以用来描述产品故障发生的规律及对可靠性试验和使用信息进行产品可靠性水平的评定。产品的可靠性不是算出来的，不是试出来的，而是设计出来、制造出来和管理出来的，是在产品的全寿命周期中坚持与缺陷和故障斗争出来的。必须首先从预防故障或缺陷入手。若存在薄弱环节或隐患，能早发现，发现后能及时进行纠正，采取纠正措施。采取措施后就要对措施进行验证并对可靠性指标进行验证，这种过程可以通过图3-1展示。

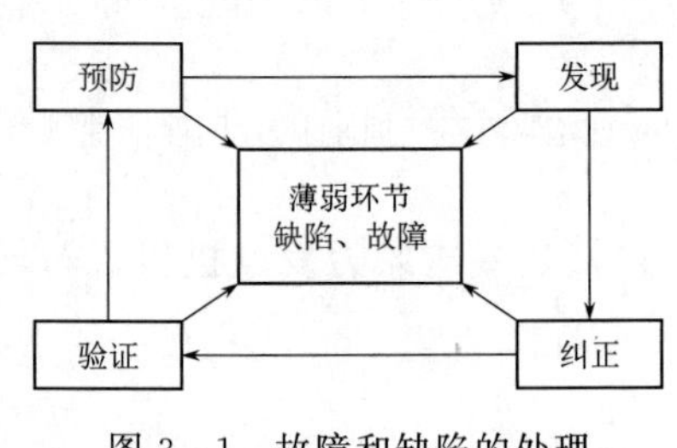

图3-1　故障和缺陷的处理

在实施与产品的缺陷和故障做斗争中形成的“预防、发现、纠正和验证”一系列技术方法的过程中离不开可靠性管理，缺少系统有效的管理，很多技术活动是难以有效开展的。有人把可靠性技术与管理形容为一部车子的两个轮子，缺一不可。可靠性管理是可靠性工程中的一个重要组成部分，在《装备可靠性工作通用要求》（GJB 450A—2004）中列出的可靠性管理的工作项目有制订可靠性计划，制订可靠性工作计划，对承制方、转承制方和供应方的监督与控制，可靠性评审，建立故障报告、分析和纠正措施系统，建立故障审查组织，进行可靠性增长管理等。

3.1.1 可靠性定义及分类

产品可靠性是产品质量的一个重要组成部分。可靠性技术是提高产品质量的一种重要手段，它本身已形成一门独立的学科。可靠性工程已从电子产品可靠性发展到机械和非电子产品的可靠性；从硬件的可靠性发展到软件的可靠性；从重视可靠性统计试验发展到强调可靠性工程试验，通过环境应力筛选及可靠性强化试验来暴露产品故障，进而通过设计达到提高产品可靠性的目的；从基于统计的可靠性发展到基于故障物理的可靠性；从可靠性工程发展为包括维修性工程、测试性工程、保障性工程在内的可信工程；从军事装备的可靠性发展到民用产品的可靠性。

可靠性的定义是产品在规定的条件下和规定的时间内完成规定功能的能力。可靠性的概率度量称为可靠度。理解可靠性定义要抓住"三个规定"。"规定条件"包括使用时的环境条件和工作条件。产品可靠性与其工作的条件密切相关。同一个产品在不同条件下表现出的可靠性水平有很大差别，一辆汽车在水泥路面上和在砂石路面上行驶同样的里程，显然在后一种情况下汽车发生故障的可能性要大于前一种情况。也就是说，使用条件越恶劣，产品可靠性水平越低。"规定时间"和产品可靠性的关系也极为密切。可靠性定义中的时间是广义的，也称寿命单位，它是对产品使用持续期的度量，如工作小时、年、公里、次数等。同一辆汽车行驶1万km时发生故障的可能性肯定比相同条件下行驶1000km时发生故障的可能性大，也就是说，工作时间越长，产品的可靠性越低，产品的可靠性随着使用时间的延长肯定会逐渐降低。产品的可靠性是随时间延长递减的函数。"规定功能"是指产品规格说明书规定的正常工作的性能指标，它是用于判断产品是否发生故障的标准。在评价产品可靠性时一定要给出故障的判据，例如电视机图像的清晰度低于多少线就判为故障，否则会引起争议。在工程实践中，产品发生的异常算得上是一个困扰可靠性评价的重要问题，因此必须具体明确地规定功能和性能。在规定产品可靠性指标要求时，一定要对规定条件、规定时间和规定功能予以详细具体的描述和规定。如果规定不明确、不具体，仅仅给出一个可靠性指标要求是难以验证的，或在验证中产品研制方和订购方会因各自利益和理解的不同而发生争议。

"能力"是产品本身的固有特性，是指产品在规定条件下和规定时间内完成规定功能的水平。由于产品在规定条件下和规定时间内完成规定功能的能力不是一个确定值，而是一个随机变量，因此在定量表述时，要用概率来度量。

产品可靠性可分为固有可靠性和使用可靠性。固有可靠性是通过设计和制造赋予产品的，并在理想的使用和保障条件下所具有的可靠性，是产品的一种固有属性，也是产品开发者可以控制的。使用可靠性则是产品在实际使用条件下所表现出的可靠性，它反映产品设计制造、使用、维修、环境等因素的综合影响。固有可靠性水平肯定比使用可靠性水平要高。

产品可靠性还可分为基本可靠性和任务可靠性。基本可靠性是产品在规定条件下和规定时间内无故障工作的能力，它反映产品对维修资源的要求。因此在评定产品基本可靠性时，应统计产品的所有寿命单位和所有的关联故障，而不局限于发生在任务期间的故障，也不局限于是否危及任务成功的故障。任务可靠性是产品在规定的任务剖面内完成规定功能的能力。评定产品任务可靠性时，仅考虑在任务期间发生的影响任务完成的故障。因此，要明确任务故障的判据。提高任务可靠性可采用冗余或替代工作模式，不过这将增加产品的复杂性，从而降低基本可靠性。在实际使用时要在两者之间进行权衡。因此，同一产品的基本可靠性水平肯定比任务可靠性水平要低。

3.1.2　可靠度、累计故障和故障密度分布函数

产品可靠度是产品在规定条件下和规定时间内完成规定功能的概率，描述的是产品功能性能随时间保持的概率。因此，产品可靠度是时间的函数，一般用 $R(t)$ 表示，产品可靠度函数的定义为

$$R(t)=P(T>t)$$

式中　T——产品发生故障（失效）的时间；

t——规定的时间。

因此，产品在规定条件下和规定时间内，不能完成规定功能的概率，也是时间的函数，一般用 $F(t)$ 表示，$F(t)$ 称为累积故障分布函数，即

$$F(t)=P(T\leqslant t)$$

关于产品所处的状态，为了方便研究，一般假定为要么处于正常工作状态，要么处于故障状态。产品发生故障和不发生故障是两个对立的事件，因此

$$R(t)+F(t)=1$$

累积故障分布函数和可靠度函数可以通过大量产品的试验分析得到。为了便于理解，下面用一个简单的实例加以说明。设有 100 件产品做寿命试验，产品试验故障统计表见表 3 - 1。将试验数据做成直方图，可得图 3 - 2。假设试验产品数逐渐增加，并趋于无穷大，时间间隔逐渐缩短并趋于 0，理论上可得到一条光滑的曲线，这条曲线即为累积故障分布函数 $F(t)$。

故障密度分布函数 $f(t)$ 是累积故障分布函数 $F(t)$ 的导数。它可以看成是在 t 时刻后的一个单位时间内发生故障的概率，即

$$f(t)=\frac{\mathrm{d}F(t)}{\mathrm{d}t} \text{ 或 } F(t)=\int_0^t f(u)\mathrm{d}u \text{ 或 } R(t)=\int_t^{\infty} f(u)\mathrm{d}u$$

表 3-1　　　　产品试验故障统计表

时间/h	故障数/个	累积故障数/个	时间/h	故障数/个	累积故障数/个
0～100	0	0	500～600	2	6
100～200	1	1	600～700	2	8
200～300	1	2	700～800	1	9
300～400	1	3	800～900	0	9
400～500	1	4	900～1000	0	9

因此，累积故障分布函数 $f(t)$、可靠度函数 $R(t)$ 和故障密度分布函数 $f(t)$ 三者之间的关系可表示为图 3-3。产品的累积故障分布完全可以通过大量样品的试验获得。一旦知道了分布规律，就可以应用概率统计理论来研究产品的可靠性规律。产品故障密度分布函数可以是指数分布、威布尔分布或对数正态分布等，但最简单的分布是指数分布。在可靠性工程中经常使用分布的概念，指的就是故障密度分布函数 $f(t)$。

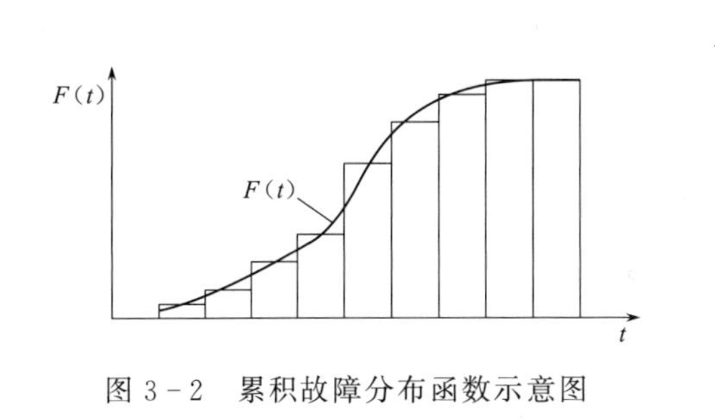

图 3-2　累积故障分布函数示意图

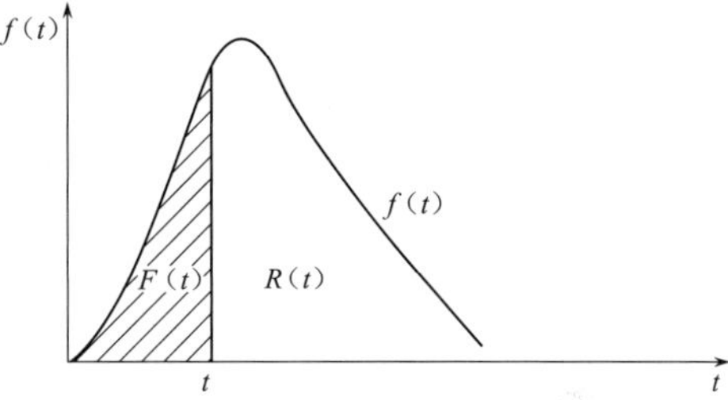

图 3-3　$F(t)$、$R(t)$ 和 $f(t)$ 的关系

3.1.3　可靠性常用度量参数

1. 可靠度

产品在规定的条件下和规定的时间内，完成规定功能的概率称为可靠度，一般用 $R(t)$ 表示。若产品的总数为 N_0，工作到 t 时刻产品发生的故障数为 $r(t)$，则产品在 t 时刻的可靠度的观测值为

$$R(t)=\frac{N_0-r(t)}{N_0}$$

2. 故障率

工作到某时刻尚未发生故障（失效）的产品，在该时刻后单位时间内发生故障（失效）的概率，称为产品的故障（失效）率。故障率一般用 $\lambda(t)$ 表示。

在工程实践中，$\lambda(t)$ 一般表示为

$$\lambda(t)=\frac{\Delta r(t)}{N_s(t)\Delta t}$$

式中　$\Delta r(t)$——t 时刻后 Δt 时间内发生故障的产品数；

Δt——所取时间间隔；

$N_s(t)$——在 t 时刻没有发生故障的产品数。

对于低故障率的元器件，常以 10^{-9}/h 作为故障率的单位，称为菲特（Fit）。

当产品的故障服从指数分布时，故障率为常数，此时可靠度为

$$R(t)=e^{-\lambda t}$$

在可靠性工程中，假设产品寿命分布服从指数分布的情况很多，一是复杂产品一般都可用指数分布来表示。理论上可以证明：一个复杂产品不论组成部分的寿命分布是什么分布，只要出故障后即予维修，修后如新，则较长时间后，产品的故障分布就可近似于指数分布。二是指数分布只有一个变量，即故障率。三是指数分布具有无记忆性。因此，上述产品可靠度的表达式是一个十分重要的公式。

3. 平均失效前事件

平均失效前时间（$MTTF$）是表示不可修复产品可靠性的一种基本参数。其度量方法为在规定的条件下和规定的时间内产品寿命单位总数与失效产品总数之比。

设 N_0 个不可修复的产品在同样条件下进行试验，测得其全部失效时间为 t_1，t_2，…，t_{N_0}，则其平均失效前时间（$MTTF$）为

$$MTTF=\frac{1}{N_0}\sum_{i=1}^{N_0}t_i$$

对于不可修复的产品，失效时间就是产品的寿命，故 $MTTF$ 即为产品平均寿命。

4. 平均故障间隔时间

平均故障间隔时间（$MTBF$）是表示可修复产品可靠性的一种基本参数。其度量方法为在规定的条件下和规定的时间内产品的寿命单位总数与故障次数之比。

设一个可修复产品在使用过程中发生了 N_0 次故障，每次故障修复后又重新投入使用，测得其每次工作持续时间为 t_1，t_2，…，t_{N_0}，则其平均故障间隔时间（$MTBF$）为

$$MTBF=\frac{1}{N_0}\sum_{i=1}^{N_0}t_i=\frac{T}{N_0}$$

式中　T——产品总的工作时间；

N_0——故障总次数。

对于完全修复产品，因修复后的状态与新产品一样，一个产品发生了 N_0 次故障相当于 N_0 个新产品工作到首次故障。

当产品的寿命服从指数分布时，产品的故障率为常数 λ，则

$$MTBF = 1/\lambda$$

上式在可靠性工程中也是很常用的公式，特别是在可靠性预计和分配中会经常用到。

5. 平均严重故障间隔时间

在规定的一系列任务剖面中，产品任务总时间与严重故障总数之比称为平均严重故障间隔时间（$MTBCF$）。这里的严重故障在以前的标准或书籍中曾称为致命故障，意思是故障使产品的任务使命不能完成。

6. 可靠寿命

可靠寿命是指给定的可靠度所对应的寿命单位，可靠寿命示意图如图 3－4 所示。

当可靠度等于 R_1 时，对应的寿命是 t_1；当可靠度为 R_2 时，对应的寿命是 t_2。可靠寿命不能理解为寿命是可靠的寿命。可靠度要求高，对应的寿命就短，反之则相反。

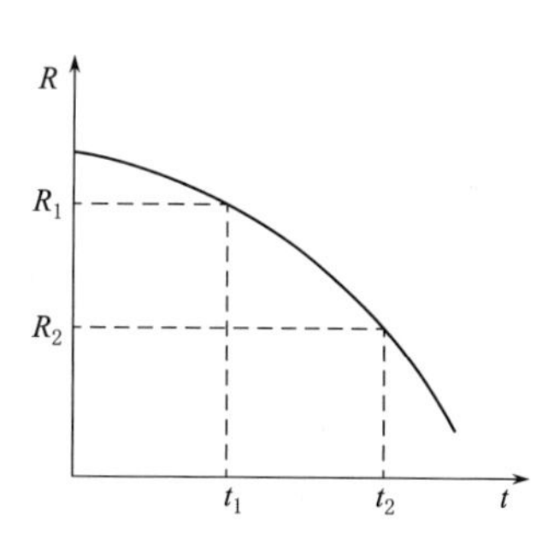

图 3－4　可靠寿命示意图

7. 储存寿命

产品在规定的储存条件下能够满足规定要求的储存期限称为储存寿命。储存寿命在武器装备中是一个重要的可靠性参数，武器装备都需要长期储存，以备战争发生时使用，但在民用产品中一般较少使用。

8. 使用寿命

产品使用到无论从技术上考虑还是经济上考虑都不宜再使用，而必须大修或报废时的寿命单位数称为使用寿命。度量使用寿命时需要规定允许的故障率，允许故障率越高，使用寿命就越长。如果没有允许故障率的要求和规定，对可修复产品而言，使用寿命是难以评定的。

9. 首次大修期限

在规定条件下，产品从开始使用到首次大修的寿命单位数称为首次大修期限，也称首次翻修期限。

3.1.4　产品故障浴盆曲线

大多数产品的故障率随时间的变化曲线形似浴盆，如图 3－5 中曲线（1）所示，故将故障率曲线称为浴盆曲线。虽然产品的故障机理不同，但产品的故障率随时间的变化大致可以分为以下三个阶段。

1. 早期故障期

在产品投入使用的初期，产品的故障率较高，且具有迅速下降的特征。这一阶

段产品的故障主要是设计与制造中的缺陷，如设计不当、材料缺陷、加工缺陷、安装调整不当等，产品投入使用后很容易较快地暴露出来。可以通过加强质量管理及采用环境应力筛选等方法来减少甚至消除早期故障。

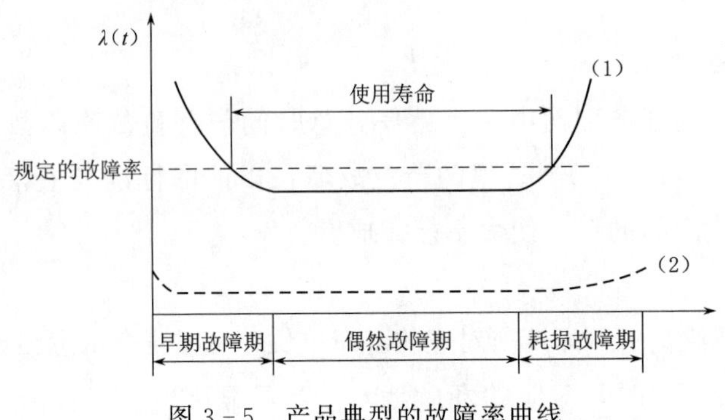

图3-5 产品典型的故障率曲线

2. 偶然故障期

在产品投入使用一段时间后，产品的故障率可降到一个较低的水平，且基本处于平稳状态，可以近似认为故障率为常数，这一阶段就是偶然故障期。在这个时期产品的故障主要是由偶然因素引起的，偶然故障期是产品的主要工作期间。

3. 耗损故障期

在产品投入使用相当长的时间后，就会进入耗损故障期，其特点是产品的故障率随时间迅速上升，很快出现产品故障大量增加直至最后报废。这一阶段产品的故障主要是由老化、疲劳、磨损、腐蚀等耗损性因素引起的。通过对产品试验数据进行分析，可以确定耗损阶段的起始点，在耗损起始点到来之前停止使用并进行预防性维修，这样可以延长产品的使用寿命。

值得注意的是，并非所有产品的故障率曲线都会有明显的三个阶段。对于高质量等级的电子产品，其故障率曲线在其寿命期内基本是一条平稳的直线。而质量低劣的产品可能存在大量的早期故障或很快进入耗损故障期。

产品故障率表现出的三段式的浴盆曲线并不是用户希望的，也是用户不满意或抱怨的根源。因此可靠性工作说到底就是为了改变这条浴盆曲线，即尽量减少并消除早期故障，尽量延长偶然故障期并尽量降低偶然故障率，同时通过完善预防性维修，尽量延缓故障率的增加，把图3-5中的浴盆曲线（1）改造成一条近似直线形状且故障率尽量低的理想曲线（2）。可靠性工程的所有方法都是围绕改造浴盆曲线形成的：一是采取各种措施，例如通过环境应力筛选以降低早期故障率，使产品到用户手中即进入偶然故障期；二是采取预防性维修或使用长寿命的元器件和零部件以及各种耐久性设计，使耗损故障期尽量延后；三是应用各种可靠性设计分析技术使产品的偶然故障率尽可能降低，这是可靠性工作的重点。

3.2 可靠性数学基础

3.2.1 概率论基础

1. 随机现象

在生活实践中，人们遇到的各种自然现象和社会现象，按其结果可分为两大类：确定现象和不确定现象。

确定现象是指在一定条件下必然发生或必然不发生的现象。例如，在一个标准大气压下将水加热到100℃便会沸腾。不确定现象是指在一定条件下，某个结果可能出现，也可能不出现。例如，以同样的方式抛掷硬币可能出现正面向上也可能出现反面向上；走到某十字路口时，可能正好是红灯，也可能正好是绿灯。

实践表明，绝大多数不确定现象都具有统计规律性。因此，把具有统计规律性的不确定现象称为随机现象。产品可靠性所研究的正是各种随机现象。例如，在一定时间间隔内，产品可能正常工作，也可能发生故障。发生故障的产品，经历 t 时间后，已经修复或还在检修等。

2. 随机事件

随机现象的某种可能结果称为随机事件，简称事件。一般用大写英文字母 A，B，C，……表示。

随机事件的特点是，在事件出现之前，人们不能确定它将出现还是不出现。例如，有一台发动机进行试车，在这台发动机出故障之前，人们不能确定它将在什么时间、在哪个部件上出故障。因此，发动机出故障是一个随机事件。

3. 随机试验

研究随机现象各种可能发生结果的过程称为随机试验。随机试验的特点是：

(1) 每次试验的可能结果不止一个，但试验的全部可能结果的集合是可以确定的。

(2) 在条件不变的情况下，试验可以无限重复。

(3) 反复试验的结果以随机的形式发生。有些试验虽然条件相同，但结果却不一定相同。

4. 频率与概率

随机事件在一次试验中可能发生，也可能不发生，因此就有一个发生可能性大小的问题。这可以用事件的频率或概率来度量。

在相同条件下进行 n 次试验，事件 A 出现的次数 m 称为频数，而比值

$$P^*(A)=m/n$$

称为事件 A 发生的频率。

用频率度量一个事件发生的可能性大小是基本合理的，但还有缺点，即频率有波动性，说明频率具有随机性。人们在实践研究中发现，在大量重复同一个试验时，事件发生的频率有一个稳定值，这个稳定值称为该随机事件的概率。

在同一条件下进行 n 次试验，事件 A 出现的频率 $P^*(A)$ 随着试验次数 n 的无限增加而稳定于某一个常数。这个数值即为事件 A 的统计概率，用 $P(A)$表示。概率越大，随机事件越有可能发生，概率 P 的范围为［0，1］。

综上所述，事件的频率是个试验值并存在波动，只能近似反映事件发生可能性的大小。事件的概率是个理论值，它是由事件的本质属性决定的，能精确反映事件发生可能性的大小。因此，从理论上讲，概率比频率更完善，便于推理和计算。而从实用性上看，可以用频率去估计概率，并且试验次数越多，这样的估算越精确，然而试验次数的增加无疑要增加大量物力、人力和时间。

3.2.2 可靠性工程中常用的概率分布

3.2.2.1 随机变量

随机变量表示随机试验各种结果的实值单值函数，是在试验结果中能取得不同数值的量。在试验前，要预知一个随机变量取得的数值是不可能的。

概率分布表示随机变量 X 所有的可能取值及其与对应的概率 $P(X)$的关系。

按照随机变量可能取值的不同，可以分为两种类型，即离散型随机变量和连续型随机变量。

1. 离散型随机变量

如果随机变量可能的取值是有限个或者可列无限个，则该随机变量称为离散型随机变量。研究离散型随机变量不仅需要知道随机变量 X 可能取的数值 x_1，x_2，…，x_n，更重要的是要知道取得这些值的概率。设 X 为离散型随机变量，其所有可能的取值为 x_1，x_2，…，x_n，其每一个取值的概率为

$$P(X=x_i)=p(x_i)=p_i, i=1,2,\cdots,n,\cdots$$

离散型随机变量一般用如下概率分布列表示，即把随机变量的所有可能取值 x_i 及其对应的概率列成一个表格。

X	x_1	x_2	…	x_k	…
P	p_1	p_2	…	p_k	…

概率分布列具有下面两个性质：

(1) 随机变量 X 取任何可能值时，满足

$$0 \leqslant P(X=x_i)=p_i \leqslant 1$$

（2）当任何事件都可能发生时，概率分布列中随机变量 X 所取得的一切可能值的概率和等于1，即

$$\sum_{i=1}^{n} p_i = 1$$

2. 连续型随机变量

在给定区间（或无限区间）内可取得任意数值的随机变量，称为连续型随机变量。

大多数产品的寿命是一个连续型随机变量，如电子元器件的寿命、车辆的大修里程等，理论上它们可在0～∞区间内取值。

当 X 为连续型随机变量时，其累积故障分布函数表示为

$$F(x)=P(X \leqslant x)$$

如果分布函数的导数存在，则有

$$f(x)=\frac{\mathrm{d}F(x)}{\mathrm{d}x}$$

称 $f(x)$ 为概率密度函数。

概率密度函数或概率分布反映了随机变量的统计规律，因而可用不同的分布，如正态分布、指数分布等描述不同产品的寿命分布。

3.2.2.2 离散型随机变量的分布

可靠性工程中常用的离散型统计分布类型有二项分布和泊松分布，这两种分布的故障概率分布和累积故障分布函数见表3-2。

表3-2 常用离散型统计分布

分布类型	故障概率分布	累积故障分布函数	备注
二项分布	$P(x)=\mathrm{C}_n^x p^x q^{n-x}$	$F(x)=\sum_{x=0}^{r}\mathrm{C}_n^x p^x q^{n-x}$	n—样本量； x—故障次数； p—故障发生概率； r—正常概率； r—累积次数
泊松分布	$P(x)=\frac{(np)^x}{x!}\mathrm{e}^{-np}$	$F(x)=\sum_{x=0}^{r}\frac{(np)^x}{x!}\mathrm{e}^{-np}$	

1. 二项分布

若随机变量的基本结果只有两个：成功与失败，例如导弹是否爆炸，则把这类试验称为贝努里试验。当随机现象是由 n 次相同的贝努里试验组成的，并且每次试验结果互不影响，每次试验只有两个结果——成功与失败，则把这种试验称为 n 重贝努里试验。

在 n 重贝努里试验中，若设每次成功的概率为 q，则失败的概率为 $p=1-q$。此时失败的次数 X 是一个可能取0，1，2，…，r，…，n 等 $n+1$ 个值的随机变量，它的分布列是

X	0	1	2	…	r	…	n
P	b_0	b_1	b_2	…	b_r	…	b_n

其中，b_r 为恰好发生 r 次失败的概率，可以算得

$$b_r = P(X=r) = C_n^r p^r q^{n-r} \tag{3-1}$$

由于$C_n^x p^x q^{n-x}$是二项式 $(p+q)^n$ 展开式中出现 p^x 的那一项，故称 X 服从参数为n，p 的二项分布。二项分布的均值 $\mu=np$，方差 $\sigma^2=npq$。

二项分布在可靠性工程和质量管理中很有用处。

2. 泊松分布

由于二项分布在实际计算中较为繁琐，因此希望能找到一个便于计算的近似公式。泊松分布被认为是当 n 为无限大时的二项分布的扩展。事实上，当 $n>20$，并且 $p\leqslant 0.05$ 时，就可以用泊松分布近似表示二项布。

泊松分布的表达式为

$$\begin{cases} P(X=r) = \dfrac{(np)^r}{r!}e^{-np} = \dfrac{\lambda^r}{r!}e^{-\lambda} \\ \lambda = np \end{cases} \tag{3-2}$$

式中　$P(X=r)$——在 n 次试验中发生 r 次事件的概率。

泊松分布的均值 $\mu=\lambda$，方差 $\sigma^2=\lambda$。

3.2.2.3　连续性随机变量的分布

可靠性工程中常用的连续型统计分布类型有正态分布、对数正态分布、指数分布和威布尔分布，这些分布的故障密度函数、可靠度函数、故障率函数见表 3-3。

表 3-3　常用的连续型统计分布

分布形式	故障密度函数 $f(x)$	可靠度函数 $R(x)$	故障率函数 $\lambda(x)$
正态分布	$\dfrac{1}{\sigma\sqrt{2\pi}}e^{-\frac{(x-\mu)^2}{2\sigma^2}}$ 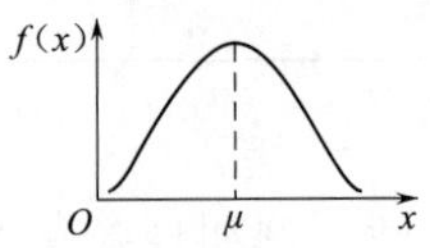	$\dfrac{1}{\sigma\sqrt{2\pi}}\int_x^{\infty}e^{-\frac{(t-\mu)^2}{2\sigma^2}}dt$ 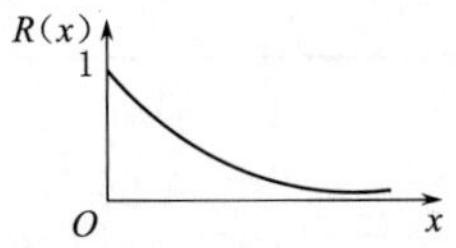	$\dfrac{e^{-(x-\mu)^2/(2\sigma^2)}}{\int_x^{\infty}e^{-(t-\mu)^2/(2\sigma^2)}dt}$ 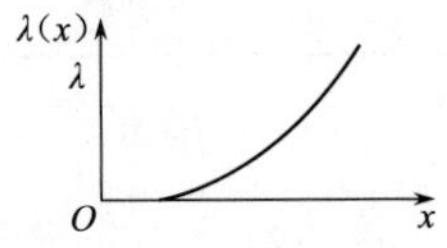
对数正态分布	$\dfrac{1}{x\sigma\sqrt{2\pi}}e^{-\frac{(\ln x-\mu)^2}{2\sigma^2}}$ 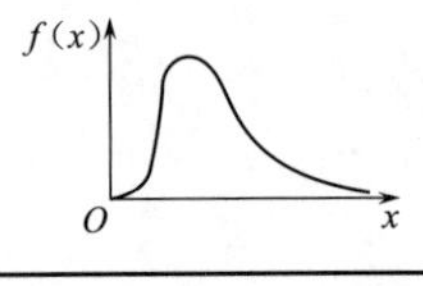	$\dfrac{1}{\sigma\sqrt{2\pi}}\int_x^{\infty}\dfrac{1}{t}e^{-\frac{(\ln t-\mu)^2}{2\sigma^2}}dt$ 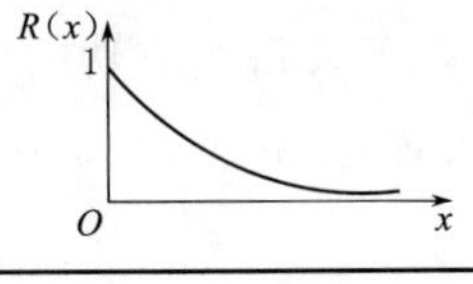	$\dfrac{\frac{1}{x}e^{-(\ln t-\mu)^2/(2\sigma^2)}}{\int_x^{\infty}\frac{1}{t}e^{-(\ln t-\mu)^2/(2\sigma^2)}dt}$ 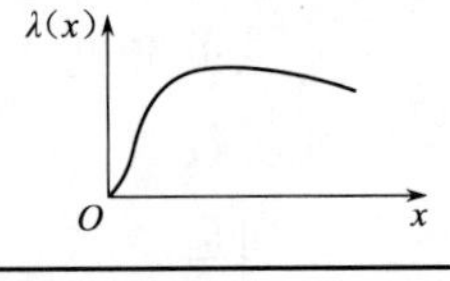

续表

分布形式	故障密度函数 $f(x)$	可靠度函数 $R(x)$	故障率函数 $\lambda(x)$
指数分布	$\lambda e^{-\lambda x}$	$e^{-\lambda x}$	λ
	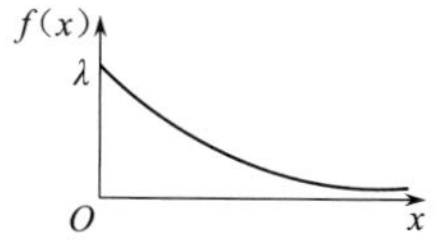	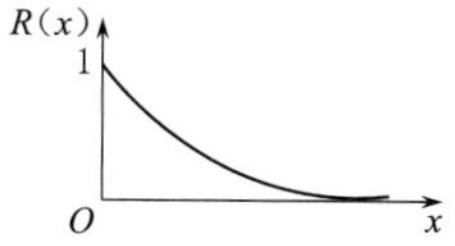	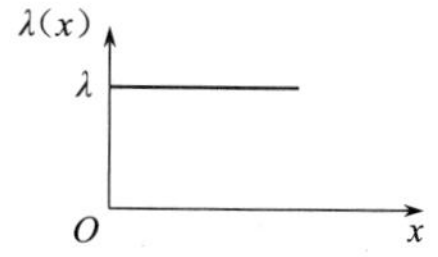
威布尔分布 $\gamma=0$	$\frac{m}{\eta}\left(\frac{x}{\eta}\right)^{m-1} e^{-\left(\frac{x}{\eta}\right)^{m}}$	$e^{-\left(\frac{x}{\eta}\right)^{m}}$	$\frac{m}{\eta}\left(\frac{x}{\eta}\right)^{m-1}$
	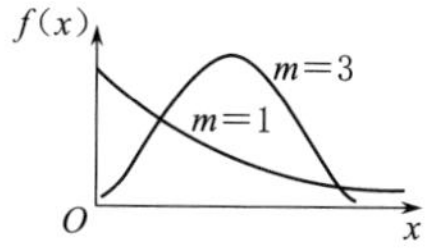	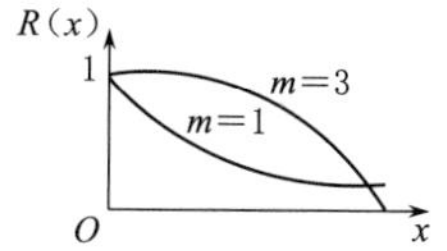	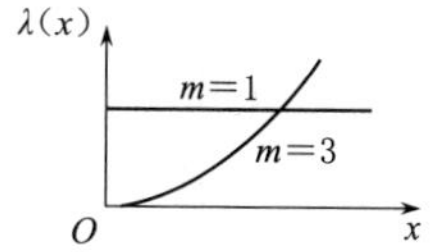

1. 正态分布

在可靠性工程中，正态分布是很有用处的。一种用途是分析由于磨损（如机械装置）而发生故障的产品。磨损故障往往最接近正态分布，因此正态分布可以有效地预计或估算产品的可靠性。另一种用途是对制造的产品及其性能是否符合规范进行分析。按照同一规范制造出来的两个零件是不会完全相同的，各零件的差别会使由它们组成的系统产生差别。设计时必须考虑这种差别，否则这些零件差别的综合影响会导致系统不符合规范要求。还有一种用途是用于机械可靠性概率设计。正态分布的密度函 $f(x)$是一条钟形曲线。这条曲线对于直线 $x=\mu$ 是对称的，在 $x=\mu$ 处达到最大值 $1/(\sqrt{2\pi}\sigma)$，而当 $x\to\pm\infty$时，有 $f(x)\to 0$，即 x 轴是 $f(x)$的渐近线。

正态分布具有对称性，主要参数是均值 μ 和方差σ^2，正态分布记为 N（μ，σ^2）。均值 μ 决定正态分布曲线的位置，代表分布的中心倾向。而方差 σ^2 决定正态分布曲线的形状，表示分布的离散程度。

正态分布的累计分布函数 $F(x)$ 为

$$F(x)=1-\int_{x}^{\infty} f(t)\mathrm{d}t \tag{3-3}$$

$$F(x)=\frac{1}{\sigma\sqrt{2\pi}}\int_{-\infty}^{x} e^{-\frac{(t-\mu)^2}{2\sigma^2}}\mathrm{d}t \tag{3-4}$$

标准正态分布是为了便于计算。若将正态分布曲线的均值移到 $\mu=0$，同时使标准差 $\sigma=1$，则可得到标准正态分布，表示为 N（0，1）。习惯上把标准正态分布的密度函数记为 $\varphi(z)$，累积分布函数记为 $\Phi(z)$，即

$$\varphi(z)=\frac{1}{\sqrt{2\pi}}e^{-\frac{z^2}{2}} \tag{3-5}$$

$$\Phi(z)=\int_{-\infty}^{z}\varphi(z)\,\mathrm{d}z=\frac{1}{\sqrt{2\pi}}\int_{-\infty}^{z}\mathrm{e}^{-\frac{z^2}{2}}\mathrm{d}z \tag{3-6}$$

$\Phi(z)$ 的值可以通过正态分布表获得。

当遇到一般正态分布 $N(\mu,\sigma^2)$ 时，可将随机变量 X 作一个变换 $z=(x-\mu)/\sigma$，化为标准正态变量。任何正态分布都可以用标准正态分布来计算。正态分布的可靠度函数为

$$R(t)=1-\Phi\left(\frac{t-\mu}{\sigma}\right) \tag{3-7}$$

2. 对数正态分布

对数正态分布是正态分布随机变量的自然对数 $y=\ln x$，常记为 $\mathrm{LN}(\mu,\sigma^2)$。其累积分布函数为

$$F(x)=\frac{1}{\sigma\sqrt{2\pi}}\int_{0}^{x}\frac{1}{t}\mathrm{e}^{-\frac{(\ln t-\mu)^2}{2\sigma^2}}\mathrm{d}t \tag{3-8}$$

式中　μ、σ——$\ln x$ 的均值和方差。

x 的均值和方差分别为

$$\begin{cases}\mu=\exp\left(\mu+\dfrac{\sigma^2}{2}\right)\\ \sigma=\exp(2\mu+\sigma^2)[\exp(\sigma^2)-1]\end{cases}$$

对数正态分布的可靠度函数为

$$R(x)=1-\Phi\left(\frac{\ln x-\mu}{\sigma}\right) \tag{3-9}$$

对数变换可以使较大的数缩小为较小的数，且越大的数缩小得越明显。这一特性使较为分散的数据通过对数变换后，可以相对地集中起来，因此常把跨几个数量级的数据用对数正态分布去拟合。

对数正态分布常用于半导体器件的可靠性分析和某些类型机械零件的疲劳寿命分析，还用于维修性分析中对维修时间数据的分析。

3. 指数分布

指数分布是可靠性工程最重要的一种分布。当产品工作进入浴盆曲线的偶然故障期后，产品的故障率基本接近常数，其对应的故障分布函数就是指数分布。

指数分布具有许多优点：

(1) 参数估计简单容易，只有一个变量。

(2) 在数学上非常容易处理。

(3) 适用范围非常广。

(4) 大量指数分布的独立变量之和还是指数分布，即具有可加性。

指数分布的密度函数为

$$f(x)=\begin{cases}\lambda e^{-\lambda x}, x \geqslant 0 \\ 0, x < 0\end{cases} \tag{3-10}$$

指数分布的累计失效分布函数为

$$F(x)=1-e^{-\lambda x} \tag{3-11}$$

指数分布的均值 $\mu=1/\lambda$，方差 $\sigma^2=1/\lambda^2$

指数分布的性质如下：

(1) 指数分布的失效率 λ 等于常数。

(2) 指数分布的平均寿命 0 与失效率互为倒数，即

$$\theta=1/\lambda$$

(3) 指数分布"无记忆性"。无记忆性是指故障分布为指数分布的系统的失效率，在任何时刻都与系统已工作过的时间长短没有关系。

4. 威布尔分布

威布尔分布是由最弱环节模型导出的，例如链条的寿命就服从威布尔分布。威布尔分布在可靠性工程中很有用，因为它是通用分布，通过调整分布参数可以构成各种不同的分布，可以为各种不同类型产品的寿命特性建立模型。

威布尔分布的累积分布（故障概率）函数为

$$F(x)=1-e^{-\left(\frac{x}{\eta}\right)^m} \tag{3-12}$$

式中 m——形状参数；

η——尺度参数。

威布尔分布既包括故障率为常数的模型，也包括故障率随时间变化的递减（早期故障）和递增（耗损故障）模型，因而，它可以描述更为复杂的失效过程。许多产品的故障率是单调递增的，威布尔分布可以很好地描述产品疲劳、磨损等耗损故障。由威布尔分布描述产品寿命特征的经验可知，三参数威布尔分布中的位置参数经常可以假设为 0。此时变成两参数威布尔分布。威布尔分布的公式见表 3-4。

表 3-4　威布尔分布的公式

两参数公式	三参数公式
概率密度函数 $f(t)=\frac{m}{\eta}\left(\frac{t}{\eta}\right)^{m-1}\exp\left[-\left(\frac{1}{\eta}\right)^m\right]$	概率密度函数 $f(t)=\frac{m}{\eta}\left(\frac{t-\gamma}{\eta}\right)^{m-1}\exp\left[-\left(\frac{t-\gamma}{\eta}\right)^m\right]$
分布（故障概率）函数 $F(t)=1-\exp\left[-\left(\frac{t}{\eta}\right)^m\right]$	分布（故障概率）函数 $F(t)=1-\exp\left[-\left(\frac{t-\gamma}{\eta}\right)^m\right]$
可靠度函数 $R(t)=\exp\left[-\left(\frac{t}{\eta}\right)^m\right]$	可靠度函数 $R(t)=\exp\left[-\left(\frac{t-\gamma}{\eta}\right)^m\right]$

续表

两参数公式	三参数公式
故障率函数 $\lambda(t)=\frac{m}{\eta}\left(\frac{t}{\eta}\right)^{m-1}$	故障率函数 $\lambda(t)=\frac{m}{\eta}\left(\frac{t-\gamma}{\eta}\right)^{m-1}$
符号含义	t—随机变量，$t \geqslant 0$（两参数），$t \geqslant \gamma$（三参数） m—形状参数，无量纲，$m>0$ η—尺度参数，其单位同t，$\eta>0$ γ—位置参数，其单位同t，$\gamma>0$

3.2.3 参数估计

在可靠性工程中，数理统计是进行数据整理和分析的基础，其基本内容是统计推断。随机变量的概率分布虽然能很好地描述随机变量，但通常不能对研究对象的总体都进行观测和试验，只能从中随机地抽取一部分子样进行观察和试验，获得必要的数据，进行分析处理，然后对总体的分布类型和参数进行推断。

总体是指研究对象的全体，也称为母体。

个体是指组成总体的每个基本单元。

样本是指在总体中随机抽取的部分个体，也称为子样。

样本值是指在每次抽样之后测得的具体的数值，记为x_1，x_2，…，x_n。

样本容量是指样本所包含的个体数目，记为n。

随机抽样是指不掺入人为的主观因素而具有随机性的抽样，即具有代表性和独立性的抽样。

样本统计量是指子样x_1，x_2，…，x_n，是从母体X中随机抽取的。它包含母体的各种信息，因此，子样是很宝贵的。若不对子样进一步提炼和加工处理，母体的各种信息仍然分散在子样中。为了充分利用子样所包含的各种信息，可以把子样加工成一些统计量，例如：

（1）子样均值$\overline{x}=\frac{1}{n}\sum_{i=1}^{n}x_i$，它集中反映了母体数学期望的信息。

（2）子样方差$S^2=\frac{1}{n-1}\sum_{i=1}^{n}(x_i-x)^2$，它集中反映了母体方差的信息。

（3）样本极差$R=\max(x_1,x_2,\cdots,x_n)-\min(x_1,x_2,\cdots,x_n)$，它可以粗略地反映母体的分散程度，但不能直接用于估计母体的方差。

3.2.3.1 分布参数的点估计

对母体参数的点估计，是用一个统计量的单一值去估计一个未知参数的数值。

如果 X 是一个具有概率分布 $f(x)$ 的随机变量，样本容量为 n，样本值为 x_1，x_2，…，x_n，则与其未知参数 θ 相应的统计量 $\hat{\theta}$ 称为 θ 的估计值。这里，$\hat{\theta}$ 是一个随机变量，因为它是样本数据的函数。在样本已经选好之后，就能得到一个确定的 $\hat{\theta}$ 值，这就是 θ 的点估计。

在点估计的解析法中，有很多方法可以选择，如矩法、最小二乘法、极大似然法、最好线性无偏估计、最好线性不变估计、简单线性无偏估计和不变估计等。矩法只适用于完全样本；最好线性无偏估计和不变估计已有国家标准《寿命试验和加速寿命试验的最好线性无偏估计法（用于威布尔分布）》（GB 2689.4—1981），但只适用于定数截尾情况，在一定样本量下有专用表格；极大似然法和最小二乘法适用于所有情况，极大似然法是精度最好的方法。

极大似然估计（maximum likelihood estimate，MLE）是一种重要的估计方法，它利用总体分布函数表达式及样本数据这两种信息来建立似然函数。它具有一致性、有效性和渐近无偏性等优良性质，但它的求解方法是最复杂的，需用迭代法并借助计算机求解。

例如，设随机变量 X 服从正态分布，其母体的均值 μ 和方差 σ^2 未知，但可证明，样本的均值 $\bar{x}$ 就是未知的母体均值 μ 的点估计，即 $\mu=\bar{x}$；样本的方差 S^2 是母体方差 σ^2 的点估计，即 $\sigma^2=S^2$。

当满足 $E(\hat{\theta})=\theta$ 时，$\hat{\theta}$ 则为未知参数 θ 的无偏估计值。

子样均值 $\bar{x}$ 和子样方差 S^2 分别作为母体均值 μ 和方差 σ^2 的估计，就是最常用的无偏估计。

3.2.3.2 分布参数的区间估计

在实际问题中，对于未知参数 θ，并不以求出它的点估计 $\hat{\theta}$ 为满足，还希望估计出一个范围，并希望知道这个范围内包含未知参数 θ 真值的置信概率，这种形式的估计称为区间估计。

1. 置信区间与置信度

设总体分布中有一个未知参数 θ，若由样本确定两个统计量 θ_L 和 θ_U，对于给定的 α（$0\leqslant\alpha\leqslant1$），满足

$$P(\theta_L<\theta<\theta_U)=1-\alpha \tag{3-13}$$

则称随机区间 (θ_L,θ_U) 是 θ 的 100（$1-\alpha$）% 置信区间。θ_L 和 θ_U 称为 θ 的 100（$1-\alpha$）% 置信限，并称 θ_L 和 θ_U 分别为置信下限和置信上限，百分数 100（$1-\alpha$）% 称为置信度，也称为置信水平，而 α 称为显著性水平。

假如计算置信度为 90% 的置信区间，即在 90% 的情况下，母体参数的真值会处于计算的置信区间内，或者说，在 10% 的情况下，真值会处于置信区间外。假如要

求99%地相信在给定样本容量的情况下，真值处于一定置信区间内，则必须扩大区间，或者如果希望保持规定的置信区间，就必须增加样本的数量。

总之，置信区间表示计算估计的精确程度，置信度表示估计结果的可信性。这里要注意置信度与可靠度的区别：置信度是样品的试验结果在母体的概率分布参数（如均值或标准差）的某个区间内出现的概率；可靠度是样品在规定条件下和规定时间内正常工作的概率，反映的是产品本身的质量状况。

2. 双侧区间估计

在给定置信度（$1-\alpha$）的情况下，对未知参数的置信上限和置信下限做出估计的方法称为双侧区间估计，又称双边估计。

3. 单侧区间估计

如果只要求对未知数的置信下限或置信上限做出估计，置信度为（$1-\alpha$），即

$$P(\theta_L \leqslant \theta) = 1 - \alpha$$

$$P(\theta_U \geqslant \theta) = 1 - \alpha$$

这种区间的估计称为置信度为$1-\alpha$的单侧区间估计，也称单边估计。

单侧区间估计应用较多。例如，对于产品的寿命，通常人们并不关心最长是多少，而很关心不低于某个值。

若已知随机变量X的方差σ^2，样本容量n，样本值x_1，x_2，…，x_n，则对于母体均值μ的置信区间估计可以由其样本值$\bar{x}$的抽样分布得到，即已知方差，对母体均值μ进行区间估计。

由中心极限定理可知，若随机变量X为正态或近似正态分布，则样本均值$\bar{x}$的抽样分布也为正态分布。因此，统计量$z=(\bar{x}-\mu)/(\sigma/\sqrt{n})$的分布为一标准正态分布。统计量$z$介于$-z_{\alpha/2}$和$z_{\alpha/2}$之间的概率为

$$P(-z_{\alpha/2} \leqslant \theta \leqslant z_{\alpha/2}) = 1 - \alpha$$

或

$$P\left(-z_{\alpha/2} \leqslant \frac{\bar{x}-\mu}{\sigma/\sqrt{n}} \leqslant z_{\alpha/2}\right) = 1 - \alpha$$

因此，母体均值μ的置信下限和上限分别为

$$\mu_L = \bar{x} - \frac{z_{\alpha/2}\sigma}{\sqrt{n}} \tag{3-14}$$

$$\mu_U = \bar{x} + \frac{z_{\alpha/2}\sigma}{\sqrt{n}} \tag{3-15}$$

由以上各式可知，置信区间都与样本量n有关。

第4章 以可靠性为中心的维修理论框架

4.1 以可靠性为中心的维修定义与原则

4.1.1 RCM的基本理念

设备管理理论是伴随着设备精密程度和复杂程度的提高，以及人们对设备故障模式认识的深化而逐步发展的。传统的设备管理思想认为，设备有一个固定的寿命周期，在其寿命周期内，设备故障会以一个较稳定的概率出现故障。因此，在设备维修管理活动中，通过定期检修可以有效预防故障的发生。在工业化早期阶段，由于设备构造相对简单、功能比较单一，其故障概率呈现出一定的规律性，再加上设备检修成本不高，采用定期维修策略的确能取得很好的效果。但是，随着设备精密和复杂程度的提高，以及维修费用的增加，传统维修管理方法不仅难以做到有效预防故障的发生，反而可能因为对无故障设备的频繁拆检而成为设备故障的原因，与此同时还造成了高昂的维修成本。在设备管理理论发展的后期，大量的理论研究和管理实践发现，设备故障模型有以下六种，该六种模型对应的曲线释义和比例见表4-1。

对表4-1的情况进行分析，可以发现，约有89%的设备出现的故障（如表中的C、D、E、F情况）与传统生命周期理论不符。这些设备难以通过定期解体维修（定期维护、定期更换）来避免故障的发生。

在故障模式A（表中序号1）和故障模式F（表中序号6）两种情况下，设备早期故障具有较高的概率。用传统的TBM管理思想来看，需要在这一阶段强化对设备的定期维修频率和干预程度。但是RCM观点则相反，认为设备早期阶段故障率高可能存在设备本身的因素，但更多的情况是定期维护和解体维修所造成的。因为在TBM管理模式下，设备早期要接受频率更高的定期维护和解体维修，即使在设备运行状态良好时也要机械地执行这些维修计划，这就使本来状态良好的设备在多次定期维护后反而更容易产生新的故障，定期的维修活动很有可能是造成设备失效概率增大的原因而不是结果，尤其是构造复杂、精密度高、技术先进的设备，在没有充分的技术保障前提下所进行的定期检修会给设备带来很大的失效风险。是否决定要对设备进行定期解体维修一定要权衡分析这种维修所带来的设备故障概率变化情况，如果设备的运行状态持续恶化，继续运行存在困难时，才应该考虑解体维修。因此，站在可靠性的角度来分析，要尽量少用定期维护、定期更换。应该加强对设备运行状态的监测，让监测数据和诊断结果作为维修决策的依据。因此，从以上的分析可以看出，设备并不是修得越频繁就越可靠。六条曲线理论和RCM管理思想就是要求设备管理的理念从传统的思维定式中解放出来，把设备管理的重心从故障管理模式转移到对故障影响和故障后果（风险指引）的管理模式上来。从传统只预防过去发生过的经验性故障模式转向预测未来将发生的故障模式转变，并在故障发生之前进行防御性管理。

表4-1　　六种模型对应的曲线释义和比例

序号	曲　线	释　义	比例
1		有条件失效概率曲线A：也被称为浴盆曲线，在设备寿命的早期阶段和末期阶段都存在较大的失效概率，中间平缓的	4%
2		该曲线表示设备磨合期后的中后期阶段，故障概率较低，也称随机失效区。有条件失效概率曲线B：传统的设备失效观点，认为早中期阶段对应较低水平的随机失效区，后期失效概率较高。	2%
3		有条件失效概率曲线C：设备失效概率在其寿命周期内稳定增长	5%
4		有条件失效概率曲线D：设备失效概率在早期有一个快速增长，然后逐步降低并稳定在随机失效区	7%
5		有条件失效概率曲线E：随机失效，设备生命周期与失效概率间没有必然联系	14%
6		有条件失效概率曲线F：反向J曲线，具有较高的设备早期失效概率，此后步入随机失效区	68%

在RCM分析技术的理念中，把传统维修方法中的几乎所有解体维修本身看作是一种故障形式。拆除一个设备进行解体检修的目的是提前减少设备进入故障状态的概率，但其本身又是造成故障的一个重要因素。从这个意义上来讲，RCM方法提倡

对设备进行准确的诊断（预测性维修）和合理的安排，才是管理真正优化和设备可靠性提高的基础。

4.1.2 RCM基本原理及分析过程

4.1.2.1 RCM基本原理

就维修的最终目的而言，RCM和传统维修方法是一致的，归根结底是为了保持和恢复设备的固有功能，降低故障的发生率。但是两者在实现目标的途径、手段和效果上却存在着根本差别。其原因自然要从二者的出发点和理论依据中进行分析。经过多年的发展之后，人们逐渐把RCM理论的主要思想归结为八项基本观点，简称为RCM原理。作为其思想的核心，这八项基本原理与传统维修的观念有很大差别，也是剖析二者根本差别的关键。

下面分别介绍RCM的这八项基本原理，并用表格将传统维修观念和RCM原理进行对比分析。

(1) RCM原理之一——定时解体维修的作用：在RCM看来，定时拆修只能适用于简单设备的故障预防，对复杂设备的故障预防很难起到作用，见表4-2。

表4-2　传统维修观念和RCM的比较分析（定时解体维修的作用）

传统维修观念	设备故障的发生、发展与使用时间有规律性的关系。因此，有必要对设备进行定时拆修
RCM原理	设备故障与时间不存在必然联系，定时拆修基本不起预防作用

(2) RCM原理之二——功能故障与潜在故障：潜在故障，是指将要发生，但目前难以诊断或察觉到的故障，见表4-3。

表4-3　传统维修观念和RCM的比较分析（功能故障与潜在故障）

传统维修观念	无明确的潜在故障概念，主要采用定时维修策略，视情维修较少
RCM原理	有明确的潜在故障概念，视情维修为主，定时维修较少

(3) RCM原理之三——隐蔽故障与多重故障：结合设备功能，分析、检查系统或设备隐蔽故障，制定相关措施，排除隐蔽故障，是预防多重故障严重后果的必要措施，见表4-4。

表4-4　传统维修观念和RCM的比较分析（隐蔽故障与多重故障）

传统维修观念	无隐蔽功能故障的概念，不了解隐蔽功能故障与多重故障的关系，并认为多重故障的严重后果是随机的，无法预防
RCM原理	有隐蔽功能故障概念，并认识到通过隐蔽功能故障的排除可以预防多重故障的严重后果，至少可以将多重故障概率控制在一个可以接受的水平

(4) RCM原理之四——预防性维修的作用：设备的固有可靠性水平早在设计之初就已经被确定了，有效的预防维修工作能够保持这个可靠性水平，但不可能超越，

见表 4－5。

表 4－5　　传统维修观念和 RCM 的比较分析（预防性维修的作用）

传统维修观念	预防性维修不仅能够保持设备的固有可靠性水平，还能进一步提高这个水平
RCM 原理	预防性维修不能够提高设备的固有可靠性水平，最高只能保持或达到设备的固有可靠性水平

（5）RCM 原理之五——故障后果的改变：预防性维修能降低故障发生的频率，但不能改变故障的后果，只有通过重新设计才能改变故障的后果，见表 4－6。

表 4－6　　传统维修观念和 RCM 的比较分析（故障后果的改变）

传统维修观念	预防性维修能避免故障的发生，能改变故障的后果
RCM 原理	预防性维修难以避免故障的发生，不能改变故障的后果，只有通过设计才能改变故障的后果

（6）RCM 原理之六——预防性维修工作的确定：预防性维修工作的确定，要以故障的后果和技术可行性分析以及效果为依据。否则，要考虑更改设计方案，见表 4－7。

表 4－7　　传统维修观念和 RCM 的比较分析（预防性维修工作的确定）

传统维修观念	预防性维修工作适用于任何可能出现的设备故障
RCM 原理	只有故障后果严重，且技术上可行并有明显效果时才做预防性维修工作，否则，要考虑更改设计方案

（7）RCM 原理之七——初始预防性维修大纲的制订：设备使用前就应该制订初始预防性维修大纲，并在设备使用后不断根据使用数据资料进行修订和完善，见表 4－8。

表 4－8　　传统维修观念和 RCM 的比较分析（初始预防性维修大纲的制订）

传统维修观念	在设备投入使用之后才开始制订初始预防性维修大纲，一般不再进行修改
RCM 原理	在设备投入使用之前就制订初始预防性维修大纲，并在后期不断修订完善

（8）RCM 原理之八——预防性维修大纲的完善：预防性维修大纲的完善，需要使用维修部门和研制部门长期协作才能逐步完善，见表 4－9。

表 4－9　　传统维修观念和 RCM 的比较分析（预防性维修大纲的完善）

传统维修观念	一个完善的预防性维修大纲只能单独由使用维修部门或研制部门制订出来
RCM 原理	预防性维修大纲的完善，不能单独由一个部门制订出来，只有通过双方的长期共同协作才能完成

从 RCM 的特点可见，RCM 与设备全寿命周期中的各个阶段都紧密相连、相互贯通。在设备的规划与设计阶段，RCM 的理念就已经渗透其中，通过对设备的功能需求和潜在故障模式进行深入分析，为设备的可靠性和维修性设计提供重要依据。

在设备的采购、安装与调试阶段，RCM 的原则同样发挥着作用，确保设备在投入运行前就已经具备了较高的可靠性和易维护性。而在设备的运行与维护阶段，RCM 更是成为了设备管理的核心，通过定期的故障检测、预防性维修以及优化的维修策略，确保设备的稳定、高效运行，最大限度地延长设备的使用寿命。可以说，RCM 的理念和方法贯穿了设备全寿命周期的始终，为设备的全面管理提供了有力的支持和保障。

4.1.2.2 RCM 的分析过程

如前所述，RCM 是以可靠性为中心的维修方法，其基本任务是确保设备在既定的使用环境中实现其设计功能。RCM 实现的前提是对设备、设备的子系统及部件进行状态监测和诊断，确定哪些需要修复、改进或重新设计、维修的必要性和可行性等。因此，在对某设备进行维修分析之前，有必要充分了解这些设备是什么，哪些设备需要进行 RCM 审查，并建立起一份详细的设备档案。RCM 过程需要对每个设备就下列七个问题进行分析。

（1）在现行的使用环境下，设备的功能及相关的性能标准是什么？（实现功能）

（2）什么情况下设备无法实现其功能？（功能故障）

（3）引起各故障的原因是什么？（故障模式和故障原因）

（4）各故障发生时会出现什么情况？（故障影响）

（5）什么情况下各故障至关重要？（故障后果）

（6）做什么工作才能预防各故障？（预防维修工作）

（7）找不到适当预防工作应怎么办？（暂定措施）

RCM 通过依次回答以上七个问题来完成 RCM 分析的全过程：

确定系统的功能和性能标准。功能和相应的性能指标是设备管理和维修活动中非常重要的两个概念，它们是故障的确认、维修活动开展、维修目标参照和验收的主要依据。因此，进行 RCM 分析时，首先需要确认系统或设备的功能。一般而言，系统或设备的功能分为主要功能和次要功能。主要功能就是系统或设备的主要用途，也是系统和设备存在的根本原因。次要功能是指系统或设备的其他用途，主要涉及环保、安全、经济、控制、效率、外观、舒适等。在多数情况下，次要功能并不意味着该功能不重要。例如，汽车的主要功能是将人送到目的地，但是其次要功能，即保护功能也非常重要。如遇到紧急情况时，安全气囊能有效弹出。如果该保护功能失效，故障后果将十分严重，涉及人员伤亡。

性能标准，是功能的量化指标。性能标准通常被分为设备的固有性能和用户所需要的性能两个指标。设备固有性能主要由其设计性能和使用环境决定。一般情况下，用户所期望的性能标准要小于设备的固有性能指标。如果用户所需要的性能指标超过了设备设计性能指标，则只有对设备进行改进才可能达到要求。

确定功能故障。功能故障，就是功能失效的表现形式，是对功能的全部或部分否定。当系统或设备运行时达不到固有性能指标时，通常是因为某一种故障所引起的。故障是导致功能中的性能指标不能满足用户需要的一种现象。但是，并不是所有的“故障”都会导致用户所需要的功能丧失。例如，汽车中的点烟器，即使发生故障，但对于不吸烟的用户来说，也不是故障。因此，判断某种故障是否需要维修，其主要依据是观察故障发生后，设备运行的性能指标是否能继续满足用户的需求。

确定导致功能故障的所有故障模式。故障模式，就是导致设备功能失效的事件。传统的维修方法把导致设备故障的事件看作是故障模式并加以维修，导致了许多不必要的资源浪费。但是在 RCM 看来，并不是所有故障都需要管理，只有导致设备功能失效的事件，才是真正需要管理的故障模式。在 RCM 中通常要考虑以下三种类型的故障模式：已经发生但还没有管理的故障模式；当前维修策略已经考虑的故障模式；虽然目前没有发生，但在当前运行条件下将来仍有可能发生的故障模式。RCM 注重对故障模式的全面记录，避免遗漏重要的故障模式，为日后的设备管理和维修提供依据。在记录、描写故障模式时，有两方面因素需要考虑，即故障的后果以及将来的管理手段。如果故障后果比较严重，且现有技术手段可以预防，就需要清楚详细地描述每种故障模式发生的原因。例如，某轴承故障后果比较严重，则可以描述为“由于润滑油老化导致轴承故障”。对于故障后果不严重，也无须防范的故障模式；或者虽然后果严重，但无法用现有技术手段进行防范的就没有必要指出故障的原因，可以笼统地描写成设备故障。如照明灯故障、保护回路故障等。这样可以节约时间，抓住重点，提高分析效率。

分析故障影响。故障影响也就是故障发生后所导致的一系列现象。它包括故障模式发生后的直接影响和间接影响。所谓直接影响是指故障发生所导致的事件。如，故障发生所造成的安全事故、环境事故、生产损失、消除故障模式的成本等等。间接影响通常是指故障发生后随着事态的进一步演变所造成的影响。如故障所造成的环境污染，会影响污染区域一段时间内的生态平衡。描述故障影响的主要目的是为确定维修工作是否可行提供准确、详细的信息。

分析故障后果。故障后果，就是故障的严重程度。通过对故障后果严重程度的分析，可以为下一步维修任务的确定奠定基础。为便于分析和判断，RCM 通常把故障的严重程度，按照由大到小的顺序，分为四类（如上文所述，这里不再赘述），并依此选择合适的维修任务。事实上，在对故障后果进行分类之前，一项重要的工作需要首先开展，即判断故障模式的属性是显性还是隐性。把故障模式分为显性和隐性，是 RCM 的一大重要贡献。所谓显性故障是指故障发生后能被发现并确认的故障模式。相反，如果故障已经发生，但不能被发现，只有当系统中其他故障发生时，才会被发现的故障模式，就是隐性故障。例如，考虑一个由两台泵组成的供水系统，一台运行，一台备用。当运行水泵发生故障时，导致供水功能失效，可以被及时发现。因此是显性故障。但是，当备用水泵发生故障时，因为运行泵工作正常，对系统没有影响，所以不能及时发现备用泵的故障，只有当运行泵也出现故障时，系统无法供水才可能发现备用泵的故障。这种故障就是隐性故障。如果显性故障的后果严重，就意味着一旦该故障模式单独发生，就会直接导致严重后果，这会让人们难以接受。因此，在实践当中，一般都通过技术改进把能导致严重后果的显性故障模式转化为隐性故障模式，然后通过用定期试验来管理。因此，在现代维修领域内，对故障模式进行显性、隐性识别，具有非常重要的现实意义。

选择合适的维修任务来预防该故障模式。在 RCM 方法中，把预防性维修任务分为：状态监测、定期维护、定期更换三类。状态监测，就是定期对设备的运行状态进行监测。RCM 认为，约有 89%的故障模式都是随机发生的，传统的定期维修方法不仅不能起到真正的预防作用，反而可能引起新的故障。因此，主张在不影响设备正常运行的情况下加强状态监测并做详细记录。当记录数据显示设备的状态持续恶化时，考虑对设备进行维修。其最大优点是：减少了对设备的人为干预，也降低了维修成本。定期维护，就是定期对设备进行某种维修，使其恢复到原来的状态。例如，定期对转动设备轴承添加油脂，定期对阀门紧固件力矩校验，定期对容器管道焊接部位进行检查等。定期更换，就是对设备的易损件进行定期更换，使其恢复到原来的工作状态。例如定期更换阀门填料、中法兰密封垫等。而要强调的是，在选择维修任务时，一定要注意同时满足以下两个条件：一是从经济角度看是否值得做。如果该故障后果不涉及安全和环保事件，仅仅是经济性的，那么就要比较分析维修成本和故障所造成损失的大小。另一个是从技术角度来看是否可行。以状态监测为例，进行状态监测必须要有可行的监测手段和技术，保证能够监测到故障现象，而且从潜在故障到故障发生时间要足够的长。

暂定措施。如果某一种故障模式从技术上是无法预防的，则应该考虑怎样管理故障后果。RCM 对此列出了三种情况：

（1）如果故障后果能够接受，无其他经济因素影响，则考虑纠正性维修。

（2）如果故障后果严重，而且是隐性故障，则考虑用定期试验验证设备功能，消除隐性故障所带来的后果。

（3）如果故障后果严重，且无法用合适的定期试验来管理故障后果，则考虑设备或系统的设计变更或者增加备用设备，利用定期试验来管理后果。

4.1.2.3 RCM 常用方法

RCM 的每种方法都有其特定的应用背景和发展历程，它们共同构成了 RCM 策略的多维度分析工具箱。通过这些方法的综合应用，RCM能够提高设备的可靠性和维护的效率。下面就四种常用方法进行介绍。

1. 功能需求分析（functional requirement analysis，FRA）

功能需求分析是RCM的基础，其目的是确保设备能够满足其设计的功能需求。通过识别设备的关键功能和性能指标，FRA帮助确定设备对系统整体性能的影响。此方法要求深入理解设备的操作环境和使用条件，以确保其可靠性和安全性。FRA在多个行业中被广泛应用，特别是在产品设计和系统工程中。

设备功能重要性评估可采用简单的加权评分法，即

$$FIS = \sum (R_i \times S_i) \tag{4-1}$$

式中　FIS ——功能重要性评分；

R_i——功能执行的频率；

S_i——功能对安全或性能的重要性评分。

常用的评分方法有定性评分、定量评分、风险矩阵、层次分析法、专家系统等方法。

2. 失效模式与影响分析（failure mode and effects analysis，FMEA）

FMEA是一种系统化的分析方法，用于识别和评估设备可能的失效模式及其对系统性能的影响。通过评估失效模式的严重性、发生概率和检测难易程度，FMEA帮助确定维护的优先级。该方法最早由美国军方在20世纪60年代开发，用于提高复杂系统设计的可靠性和安全性，现已成为工业和制造业中风险管理的关键工具。

在FMEA中，主要计算的是风险优先级数（risk priority number，RPN），这是通过严重性（severity，S）、发生概率（occurrence，O）和检测难易程度（detection，D）三个因素的乘积来确定，即

$$RPN = S \times O \times D \tag{4-2}$$

RPN用于评估和排序潜在失效模式的严重程度，以确定哪些失效模式需要优先采取缓解措施。此外，也可根据自己的特定需求和目标，对FMEA方法进行扩展，以包括成本效益分析。在这种情况下会计算一个与成本相关的指标，即成本优先数（cost priority number，CPN）。CPN通常考虑以下因素。

纠正措施的成本：实施特定纠正措施所需的费用。

失效模式的财务影响：失效模式对组织财务状况的潜在影响，包括直接成本（如维修、更换成本）和间接成本（如信誉损失、市场份额下降）。

风险与成本的权衡：评估不同风险水平下的潜在成本效益。

成本优先数常的公式为

$$CPN = RPN \times Cost\ of\ Failure \tag{4-3}$$

即

$$CPN = S \times O \times D \times Cost\ of\ Failure \tag{4-4}$$

式中，*Cost of Failure* 代表失效模式对组织的财务影响。成本因素的引入可能会使 FMEA 更加复杂，因为它需要更详细的财务数据和成本效益分析。此外，成本因素的主观性可能更高，因此在使用成本相关的指标时需要谨慎，并确保所有相关方对成本评估的方法和结果有共同的理解。总的来说，是否计算成本优先数取决于组织的具体需求和 FMEA 的应用背景。在标准的 FMEA 实践中，RPN 是最常见的风险评估指标。

3. 故障树分析（fault tree analysis，FTA）

FTA 是一种自顶向下的分析方法，用于识别导致系统失效的所有可能原因组合。通过构建逻辑门（如 AND、OR）连接的事件符号，FTA 帮助理解复杂系统中故障发生的路径。此方法由 Bell Labs 在 1961 年为 NASA 的阿波罗计划开发，是风险管理和安全分析中的关键工具。

FTA 方法首先是把系统不希望发生的事件（失效状态）作为故障树的顶事件(topevent)，用规定的逻辑符号表示，找出导致这一不希望事件所有可能发生的直接因素和原因。它们是从处于过渡状态的中间事件开始，并由此逐步深入分析，直到找出事故的基本原因，即故障树的底事件为止。这些底事件又称为基本事件，它们的数据是已知的，或者已经有过统计或实验的结果。FTA 一般可分为以下几个阶段：

（1）选择合理的顶事件和系统的分析边界和定义范围，并且确定成功与失败的准则。

（2）建造故障树，这是 FTA 的核心部分之一，通过收集的技术资料，在设计运行管理人员的帮助下建造故障树。

（3）对故障树进行简化或者模块化。

（4）定性分析，求出故障树的全部最小割集，当割集的数量太多时，可以通过程序进行概率截断或割集阶截断。

（5）定量分析，这一阶段的任务是很多的，它包括计算顶事件发生概率即系统的点无效度和区间无效度，此外还要进行重要度分析和灵敏度分析。

4. 事件树分析（event tree analysis，ETA）

ETA 是一种从特定初始事件开始，分析其可能的后续事件和最终结果的方法。通过追踪初始事件可能导致的一系列后果，ETA 帮助预测和评估系统对不同事件的响应。此方法由 H. A. Watson 在 20 世纪 70 年代提出，用于核工业的风险评估，帮助理解复杂事件的演化路径。

ETA 是一种主要用于决策分析中的逻辑树形式，它描述从初始事件开始，用一系列二叉分支点表示事故的可能发展情况，这些分支点代表后续事件是否发生这两种可能的状态，在分支节点处，事件树分成上下两条路径，通常上分支表示“是”，下分支表示“否”。确定初始事件和后续事件的顺序后，就可以按照这个顺序画出事件树了。依次考虑每个后续事件的两种状态，将成功或起作用的状态画在下一级分支的上面分支中，而将失败或不起作用的状态画在下一级分支的下分支中，层层递进，以此类推直到结果事件为止。如果后续事件发生与否对输入事件的发展没有影响，那么事件树在该节点处就没有分支，直到下一后续事件。图4－1为事件树模型示意图。其中，A表示初始事件，B、C和D表示后续事件发生的状态，$\overline{B}$、$\overline{C}$和$\overline{D}$表示后续事件不发生的状态。

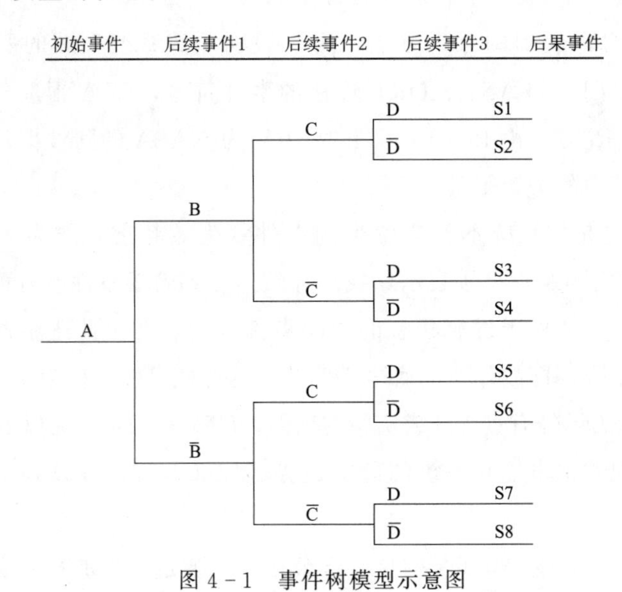

图4－1　事件树模型示意图

事件树模型建立后，确定各分支节点事件的概率（成功或失败），再计算每个最终事件结果的概率，该值为初始事件概率与各分支节点概率之积。若结果事件S2、S4、S6、S7为事故事件，则发生事故的总概率等于它们的概率总和。

5. 可靠性块图（reliability block diagram，RBD）

RBD是一种图形化的表示方法，通过展示系统内各组件的可靠性分析它们对系统整体可靠性的贡献。RBD通过方框组成系统的各个功能单元，用框图的形式将系统各个功能单元之间的逻辑关系表示出来。按照方框之间的逻辑连接关系，系统可靠性框图分为串联系统、并联系统、混合系统等。系统的可靠性取决于每一功能单元的可靠性，也取决于每一功能单元的组合方式。下面简单介绍最常用的串联系统和并联系统的系统可靠度和失效率的计算方法。

（1）串联系统。一个系统由 n 个单元 $A_1, A_2, \cdots, A_n$ 组成，只有每个单元都正常工作时，系统才能正常工作。只要一个单元出现失效，系统立刻失效。其可靠性框图如图 4－2 所示。

假如这 n 个单元相互独立，已知各单元的可靠度分别为 $R_1(t), R_2(t), \cdots, R_n(t)$ ，各个单元的失效分布函数分别为 $F_1(t), F_2(t), \cdots, F_n(t)$ ，由概率的乘法公式得到串联系统的可靠度函数 $R(t)$ 是各个单元可靠度的乘积，即

$$R_s(t) = \prod_{i-1}^{n} R_i(t) \tag{4-5}$$

由失效分布函数与可靠度函数的关系，可得串联系统的失效分布函数为

$$F_s(t) = 1 - \prod_{i=1}^{n} [1 - F_i(t)] \tag{4-6}$$

（2）并联系统。一个系统由 n 个单元 $A_1, A_2, \cdots, A_n$ 组成，只要有一个单元正常工作，则系统正常工作。只有在所有单元发生时系统才失效。其可靠性框图如图 4－3 所示。

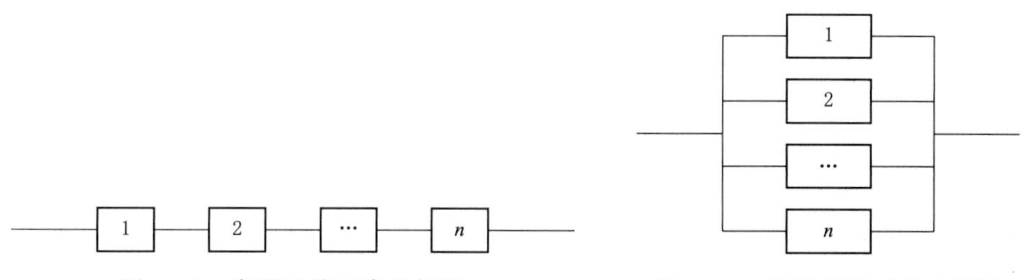

图 4－2　串联系统可靠性框图　　图 4－3　并联系统可靠性框图

假如这 n 个单元相互独立，已知各单元的可靠度分别为 $R_1(t), R_2(t), \cdots, R_n(t)$ ，各个单元的失效分布函数分别为 $F_1(t), F_2(t), \cdots, F_n(t)$ ，并联系统的失效分布函数为

$$F_s(t) = \prod_{i=1}^{n} F_i(t) \tag{4-7}$$

由失效分布函数与可靠度函数的关系，可得并联系统的可靠度函数为

$$R_s(t) = 1 - \prod_{i=1}^{n} [1 - R_i(t)] \tag{4-8}$$

（3）串联系统。每个单元的失效率是常数时，每个单元的可靠度函数均服从指数分布，即

$$R(t) = e^{-\lambda t} \tag{4-9}$$

系统总失效率为每个单元的失效率之和，即

$$\lambda(t) = \sum_{i=1}^{n} \lambda_i \tag{4-10}$$

这些常用的方法在 RCM 中起到关键的作用，通过深入分析设备的故障模式和影响，评估风险和优先级，并制定相应的维护策略和预防措施，以提高设备的可靠性和可用性。通过综合运用这些方法，RCM 能够有效地管理设备的维护需求，降低故

障风险，优化维护决策，并最大程度地提高设备的性能和效益。而在水力发电领域，安全风险是首要考虑的问题，因此，本次研究采用风险优先数 RPN 的方法进行研究。下面详细介绍 FMEA 与 RPN 方法。

4.2　失效模式与影响分析（FMEA）

设备失效模式和影响性分析 FMEA（failure mode and effect analysis）是 RCM 分析的基础，失效模式和影响性分析可用于系统、子系统以及所界定系统内的组件。失效模式是指设备功能性组件发生故障而导致系统或子系统的功能无法实现，对于每一个确定的功能系统，可以有多种故障模式。例如，水轮发电机组主要由发电机、主轴、导轴承、水轮机、导水机构构成，可由于电机绕组、轴承、轴、转轮、调速器或密封件的损坏而发生功能性的故障。另外，功能性故障也可定义为冷却系统的性能降低，使得冷却温度或循环次数不足以满足操作要求。

John Moubray 在《以可靠性为中心的维修（RCMⅡ）》的专著中提出现已被广泛采用的 FMEA 七个关键问题、逻辑步骤见表 4－10。

表 4－10　FMEA 七个关键问题、逻辑步骤

1	设备功能	在规定的使用条件下，设备的功能及其性能指标是什么
2	故障模式	什么情况下设备无法继续实现其功能
3	故障原因	引起各故障的原因是什么
4	故障影响	各故障发生时会出现什么情况
5	故障后果	什么情况下各故障至关重要
6	预防性措施	做什么工作才能预防各故障
7	被动维修对策	没有有效的预防性措施怎么办

一个确定的系统，可能会有多个故障模式，FMEA 关注每一个系统功能可能发生的故障，以及主要故障模式和故障后果之间的联系。尽管相似的系统或设备常常具有相似的故障模式，但分析故障后果时仍然需要对特定的系统或设备来界定。FMEA 针对每个功能系统内所有可能出现的故障，并分析每个故障相关的主要失效模式。从系统功能的角度来看，任何组件的故障可能导致系统功能的劣化或丧失。FMEA 分析法分为两种，功能 FMEA 法和硬件 FMEA 法。功能 FMEA 法一般运用于设备的构成或结构尚不确定或不完全确定时，通常以系统为约定层次分析系统的功能、故障模式等。硬件 FMEA 多用于设备的构成或结构及图纸资料已经确定的情况，以部件为约定层次，分析每个部件的功能、故障模式，及对系统的影响。对水电机组进行 FMEA 分析时，考虑到水电机组的结构和构成能够确定，因此采取硬件 FMEA 的方法对水电机组进行分析。以下介绍硬件 FMEA 的分析流程和内容。

4.2.1 明确发电设备层次

在对机组实施FMEA时，应明确分析对象，按水电设备的硬件结构层次关系定义约定层次。以水电机组的核心设备水轮机为例，约定层次划分为水轮机——子单元——可维修部件。每个约定层次的设备应有明确定义。对设备进行FMEA分析时应从下至上按约定层次的级别不断分析，直至初始约定层次相邻的下一个层次为止。子单元可分为压力钢管、尾水管、蜗壳、座环、顶盖、底环、水导轴承、接力器等；可维修部件可分为伸缩节、管道、进人门、试水阀、轴瓦、油槽、冷却器、活塞、剪断销、上冠、下环、叶片等。水轮机的设备结构树如图4-4～图4-6所示。

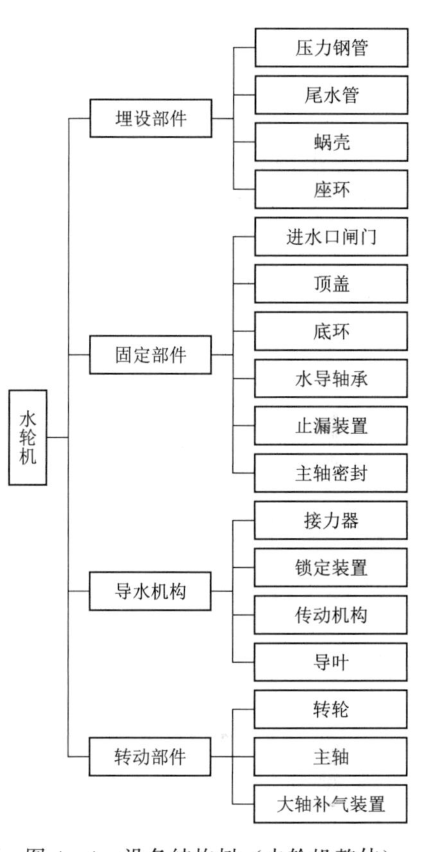

图4-4 设备结构树（水轮机整体）

4.2.2 明确部件功能

1. 功能

功能是部件存在的核心价值，它们通过实现特定的功能来发挥其作用。部件的功能性可以被细分为几个关键类别：

（1）主要功能：这是指部件的基本和主要目的，通常由部件名称直接反映。例如，在水力发电机组中，发电机的主要职责是将机械能转换为电能，而调速器则负责在保持机组转速维持恒定。

（2）次要功能：尽管某些功能可能不如主要功能显眼，但它们的故障可能同样带来严重的后果。次要功能包括但不限于密封、支撑和显示等。例如，水轮机中的主轴密封，如果密封失效导致漏水，甚至可能会造成水淹厂房等重大事故。

（3）保护功能：这类功能旨在减轻或消除故障带来的影响。它们的作用包括吸引操作者注意异常状态（如限位开关、温度或压力传感器）、在故障发生时使设备安全停机、消除或缓解故障引起的异常状态（如安全阀），以及在原有功能失效时提供备用（如备用设备）。

（4）冗余功能：在某些情况下，维修过程中可能发现一些设备或部件实际上是多余的。在复杂的系统中，大约有5%～20%的部件可能属于冗余，移除这些部件可以减少维修工作量和成本。

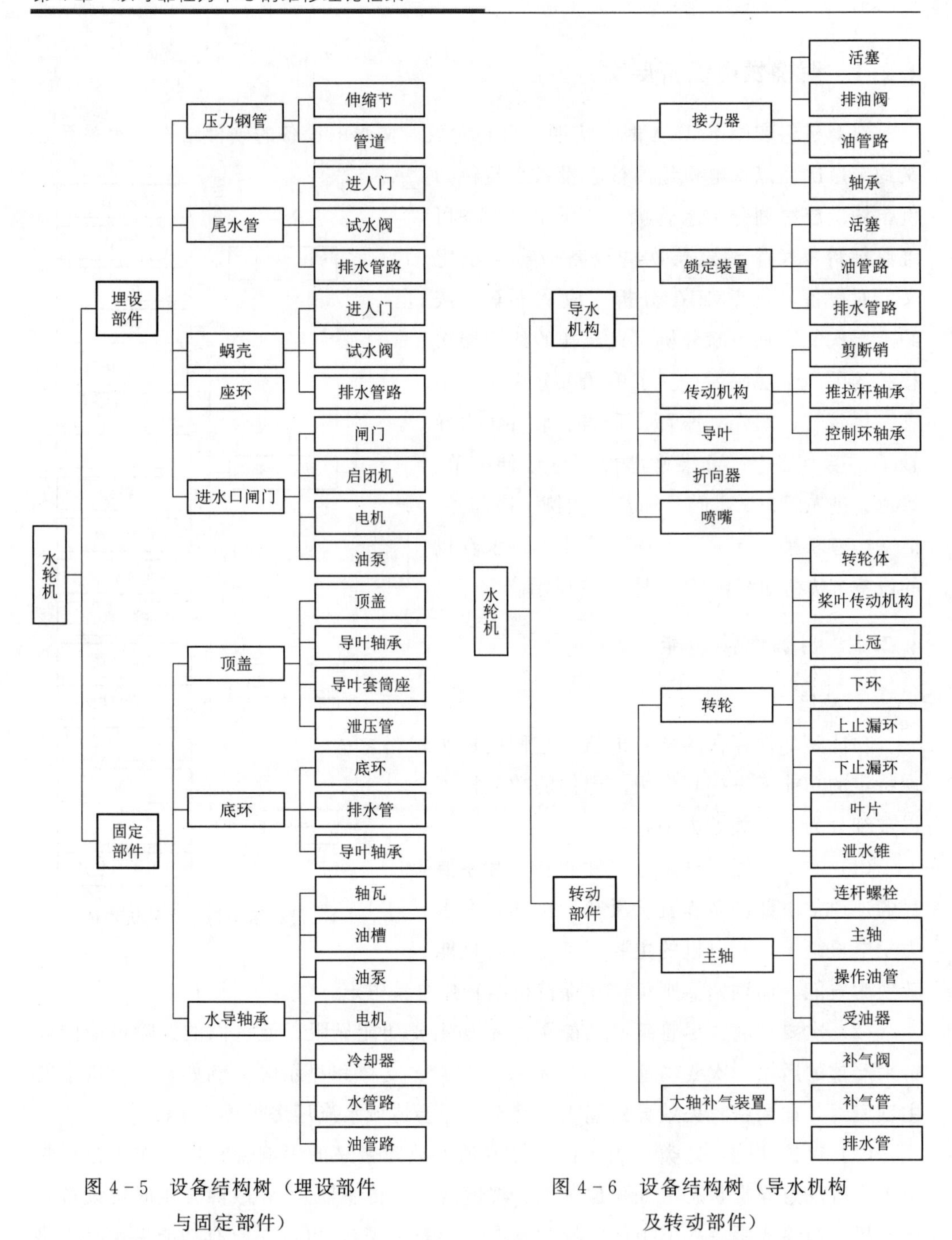

图 4-5　设备结构树（埋设部件与固定部件）

图 4-6　设备结构树（导水机构及转动部件）

2. 性能指标

性能指标是评估部件状态的关键标准，在 RCM 中，故障被定义为部件未能达到预期的性能指标。这些标准是整个 RCM 维修决策过程的核心。性能指标涵盖多个方面，包括产品质量、安全性、能源效率和环境影响等。在描述性能时，可以采用与设备运行相关的参数，例如重量、液位、时间、容量和流量等，以更精确地界定性能指标。与部件功能相关的性能指标主要分为两大类：

（1）固有可靠性：这是部件在设计、制造、运输和安装阶段所固有的属性。部件的固有可靠性是其设计时所决定的，维修活动无法提高部件超过其固有的可靠性水平。

（2）使用可靠性：这是由部件的运行和维护水平所决定的。通常情况下，部件的使用可靠性低于其固有可靠性。维修的主要目标是提高部件的使用可靠性，确保其在实际运行中达到或接近设计时的性能标准。

4.2.3 故障模式

1. 故障模式的识别

故障模式指的是设备故障发生时的具体表现，例如裂纹、锈蚀、磨损等。在进行维修之前，了解部件可能的故障模式是非常关键的。故障模式的识别可以通过以下几个途径来确定：

（1）历史故障记录：分析过去设备或相似设备上发生的故障，例如齿轮的断齿问题。

（2）日常维修经验：考虑日常维修中常见的故障，这些故障如果不采取预防性维修措施，就很可能发生，如齿轮箱因缺油导致的故障。

（3）潜在故障分析：即使当前没有发生，但通过分析确认有可能发生的故障，例如齿轮的点蚀或磨损。

为了更系统地管理故障模式，可以建立一个故障模式数据库，以确定维修内容。当设备故障数据积累到一定程度时，还可以通过对故障模式的相关可靠性指标进行计算，以进一步优化维修策略。

2. 故障类型的改写和定义

在进行维修决策时，对故障进行分类和定义是至关重要的。以下是对不同故障类型的改写和定义：

（1）功能故障：当设备无法达到预期的性能指标时，就发生了功能故障。用户对设备是否满意的判断基于部件在预定使用范围内的功能表现。如果设备出现故障但不影响用户对设备功能和性能指标的要求，这种故障不被视为功能故障。因此，在确定功能故障时，首要任务是明确设备的功能和性能指标。

（2）潜在故障：这是一种可识别的实际状态，它预示着功能故障即将发生或正在发生。潜在故障的发展过程通常经历多个阶段，可以用 $P-F$ 曲线来描述。如图 4-7 所示，$P-F$ 曲线的横坐标表示时间，纵坐标表示设备的状态。图中标出了三个关键状态点：第一个点表示故障开始发生的起始点；第二个点表示状态逐渐恶化到故障

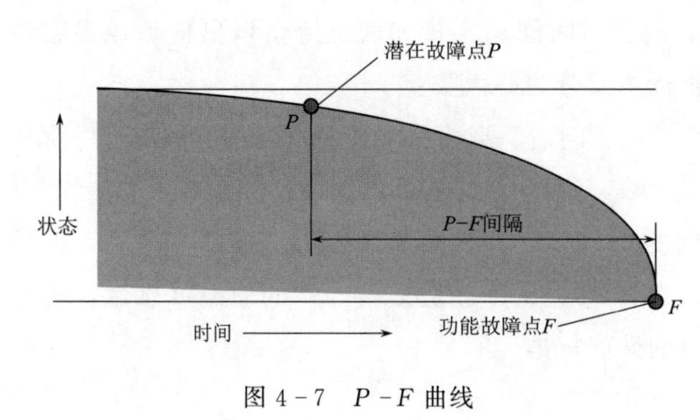

图 4-7　$P-F$ 曲线

可以被探测到的点，即潜在故障点“P”（potential fault）；第三个点表示功能故障发生点“F”（fault）。如果潜在故障未被探测到且未得到纠正，设备的性能状态将继续恶化，直至达到功能故障点“F”。

通过这种分类和定义，维修团队可以更准确地识别故障类型，制定相应的维修策略，并采取预防措施以避免潜在故障发展成功能故障。

4.2.4　故障原因及影响分析

在处理故障时，确定其发生的根本原因是至关重要的。为了有效地预防或减少故障的发生，需要对每个故障模式的成因进行深入分析。通常从以下 5 个角度开展分析。

（1）直接原因分析：这涉及识别导致设备发生功能故障或潜在故障的物理和化学因素。例如，机械磨损、腐蚀、过载或材料疲劳等都可能是故障的直接原因。通过物理检查和化学分析，可以确定故障的具体成因。

（2）间接原因分析：除了直接的物理和化学因素外，还需要考虑使用方式、环境条件或人为操作等因素。例如，不当的操作、维护不足、环境温度过高或湿度过大都可能间接导致设备故障。这些间接因素往往需要通过观察、记录和分析设备使用和维护的历史数据来识别。

（3）系统性原因分析：有时候，故障的发生可能是由于系统性问题，如设计缺陷、制造过程中的质量问题或供应链中的材料不一致性。这些问题可能需要更广泛的调查和分析，包括设计审查、制造过程审计和供应链管理评估。

（4）预防措施：在识别了故障的原因后，可以采取针对性的改进措施。这可能包括改进设计、加强质量控制、提高操作培训、优化维护程序或改善工作环境。通过这些措施，可以提高设备的可靠性，减少故障的发生。

（5）持续改进：故障分析和改进是一个持续的过程。随着时间的推移，新的故障模式可能会出现，或者现有故障的原因可能会发生变化。因此，需要定期回顾和更新故障分析和预防措施，以确保设备维护策略的有效性。

通过这种全面和系统性的故障原因分析，可以更有效地管理设备的可靠性和维护，从而提高整体的设备性能和使用寿命。

故障影响是指设备发生故障时对使用、功能或状态产生的负面结果。在描述设备的故障影响时，通常假设在没有采取任何预防性维修措施的情况下，直接分析故障可能带来的最终影响。这种分析需要考虑故障是否会影响运行安全、环境、生产效率，以及是否会导致严重的二次损坏。

故障模式与故障影响之间存在一定的层级关系。低层次的故障模式对紧邻其上一层次的影响，实际上就是上一层次的故障模式。换句话说，低层次的故障模式是紧邻上一层次故障的原因。这种层级关系有助于我们理解故障发展的路径，并采取相应的措施来预防或减轻故障的影响。图 4－8 揭示了不同约定层次之间故障模式、原因、影响的关系。

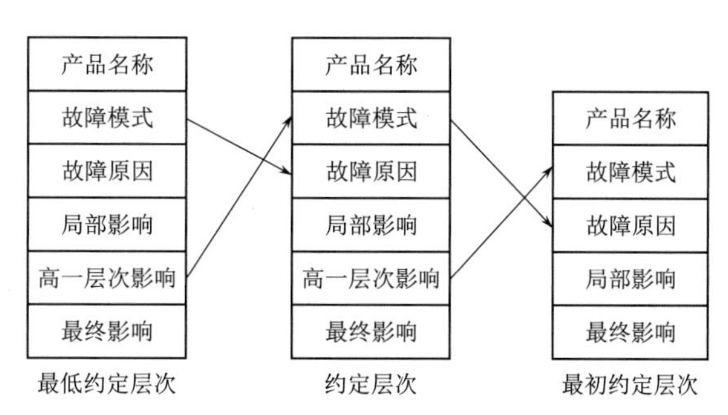

图 4－8　不同约定层次之间故障模式、原因、影响的关系

每个故障模式的影响一般分为：局部影响、高一层次影响和最终影响三级，分级表见表 4－11。

表 4－11　按约定层次划分故障影响的分级表

影响类别	定　义
局部	故障模式对设备自身及所在约定层次设备的使用、功能或状态的影响
高一层次	故障模式对该设备所在约定层次紧邻上一层次设备使用、功能或状态的影响
最终	故障模式对初始约定层次设备的使用、功能或状态的影响

4.2.5　风险优先数 RPN 分析

风险优先数（RPN）分析方法以其简便的操作和直观的理解性，在工程实践中得到了广泛的应用。作为一种成熟的可靠性和故障分析工具，RPN 已经在汽车制造、汽轮机设计、半导体加工等多个高技术领域形成了标准化的应用流程。RPN 分析通过量化风险，为工程项目提供了一种系统的风险排序机制，使得决策者能够针对那些具有较高风险的项目内容，制定出合理的检修策略。

经典 RPN 的计算方法以其简洁性而著称，它通过将故障的严重度（severity，S）、发生概率等级（occurrence，O）以及可检测度等级（detection，D）三个等级相乘来得出 RPN 值。这种方法便于快速评估和比较不同故障的风险等级。RPN 值的计算公式为

$$RPN = S \times O \times D \tag{4-11}$$

式中　S ——故障严重度等级，反映了故障对系统或产品性能的影响程度；

O ——故障发生概率等级，表示故障发生的可能性或频率；

D ——可检测度等级，衡量的是故障在发生前被探测到的难易程度。

RPN 值的计算结果可以帮助决策者识别出需要优先关注的高风险区域，并据此制定相应的风险缓解措施。

第5章　基于状态检修的RCM分析方法

5.1　设备检修发展概述

设备检修是一项关键的专业技术活动，其目的是维持或恢复设备执行其预定功能的能力。通过这种预防性措施，可以防止潜在的事故，确保设备持续稳定运行，满足社会经济需求和人民日常生活的需要，同时有效控制检修成本。随着检修理念的不断革新和设备管理水平的显著提高，相应的设备检修也经历了一系列的发展历程，总体而言设备检修发展历程可分为如下4个阶段。

(1) 事后维修（19世纪末至20世纪初）：也称为纠正性维修，此时工业化程度不高，停机时间长短无足轻重，设备本身比较简单可靠，且设计余量比较大，设备故障后的后果不严重，故障设备易于修复，维修工作主要是纠正维修，即故障后维修。

(2) 定期检修（20世纪初至50年代）：也称为预防性维修，此时工业化程度比较高，设备故障后会严重影响生产，且设备比较复杂，维修费用高。因此开始了对设备故障机理进行研究，结果发现设备故障曲线是浴盆曲线，即设备有一个磨合期和一个磨损期（固定的寿命）。这一阶段的检修理念是无论设备状态好坏，只要设备运行到一定时间，就对设备进行维修，以免设备发生故障。

(3) 状态维修（20世纪50年代至80年代）：随着工业化程度进一步提高，维修费一直在上升，且设备故障后果日益严重，发现按照浴盆曲线制订的定期维修策略，无论维修活动进行得如何充分，许多故障也不能预防。实际故障曲线并不是一种单一的浴盆曲线，而是六种曲线。大多数（80%～90%）的故障模式与时间无关，因此不能用定期检修来预防。同时随着计算机和传感器技术的发展，设备状态评价有了更多数据支持，基于状态评价的检修成为可能，通过数据分析预测设备故障并提前进行维护。

(4) 以可靠性为中心的维修（20世纪80年代至今）：自20世纪80年代以来在航空业得到广泛应用，并逐渐扩展到其他行业，此处不再赘述。

我国电力行业的检修模式发展遵循了上述检修历史的发展历程，随着经济的快速发展和双碳目标的提出，对水电等清洁能源的需求日益扩大。“十三五”规划中，水力发电是国家清洁能源发展的主要方向，单机容量规模不断增加，对机组的安全稳定运行和维修水平提出了更高要求。经典 RCM 侧重于从历史数据、家族共性等方面评价设备的可靠性水平，而电力系统则侧重于基于设备当前的状态量对其进行评价，如何将状态检修与 RCM 有机结合，成为了近年 RCM 发展的方向之一。2023 年，中国大唐集团就此在发电设备领域展开了探索，并取得了一系列成果。在介绍两者结合的探索之前，先就状态检修进行简要介绍。

5.2 状 态 检 修

状态检修（condition based maintenance，CBM），是一种基于设备状态的检修。其核心目标是在机组运行的实时环境中，通过各种监测手段准确评估机组的实际运行状态。基于这些评估结果，状态检修能够做出更加精确的检修决策，包括确定检修的最佳时机、检修的具体内容以及采取的维护方法。此外，状态检修还能够预测机组的剩余使用寿命，从而为设备的长期运行和维护提供科学依据。

状态检修可以最好地体现水电设备维修的十三字方针“防患于未然、该修才修、修必修好”，提高维修质量和设备的可靠性，降低维修成本，提高机组的可利用率，显著提高水力发电企业的经济效益。我国水电行业从 20 世纪 80 年代就开始了对状态检修的探索，20 世纪 90 年代以来，对状态检修的关注程度持续上升。目前我国新建的大型水电站多数配备了在线监测系统，已建成的电站也在进行大规模的技术改造，补充配备在线监测系统，为开展状态检修提供了基础设备的保证。但是，状态检修也有其不足之处。首先，状态检修高度依赖于先进的监测技术和设备，这可能导致较高的初始投资和运营成本。其次，状态检修可能需要大量的数据分析能力来准确解读监测数据，这在一些技术能力有限的组织中可能是一个挑战。此外，状态检修主要关注设备的当前状态，有时可能忽视了设备的潜在功能失效和系统性风险。RCM 则是一种以设备功能为核心的检修策略，它通过分析设备的功能、潜在故障模式及其对系统的影响来确定维护需求。RCM 的优势在于它不仅考虑了设备的物理状况，还考虑了设备的功能需求和运行环境，从而能够更全面地识别和解决潜在的维护问题。

状态检修与 RCM 的互补性在于，状态检修提供了实时的设备状态信息，而 RCM 提供了一个结构化的分析框架来确定维护策略。结合使用这两种方法，组织可以更有效地平衡维护的及时性和成本效益，确保设备的可靠性和安全性，同时优化维护资源的分配。通过整合状态检修的实时监测能力和 RCM 的系统性分析，可以形成一个更加全面和高效的维护管理体系。

5.3 基于状态检修的RCM流程

5.3.1 经典RPN计算方法

风险优先级由故障模式的严重度等级（S）、发生概率等级（O）、可检测度等级（D）得出，经典的RPN方法虽然提供了一种量化风险的框架，但其实施过程中不可避免地引入了主观性，因为这些评估往往依赖于专家的经验和直觉，以及对历史数据和现有监测技术的解读，这可能导致不同评估者之间在风险等级判断上存在差异。经典RPN计算方法中S、O、D赋值方式如下。

1. 严重度等级（S）赋值

故障模式S综合评估设备的重要性、危害性、造成的损失等情况后对其赋值，赋值为1、2、3、4四个等级。

（1）轻度影响S赋值为1：除主辅设备及系统外，对机组安全稳定运行不会构成直接影响的建筑物、构筑物及附属设施等区域存在的缺陷。

（2）较大影响S赋值为2：指一类、二类设备缺陷以外，不影响机组性能和全厂出力，通过设备倒换、系统隔绝即可消除的一般设备缺陷；以及设备运行参数或试验数据虽未超出规程规定，但已发生较明显的劣化趋势，需要加强监视运行的设备异常缺陷。

（3）重大影响S赋值为3：指重要辅机设备退出备用或系统参数异常，影响机组性能、出力下降，必须降低机组负荷甚至结合停止主设备运行，才能消除的设备缺陷。

（4）致命影响S赋值为4：指直接危及机组、设备或人身安全，需要立即停止机组运行方能处理，造成机组非停或非计划检修的设备缺陷。

根据上述4个分值，将S的轻度影响、较大影响、重大影响、致命影响分别赋值1～4，具体评分规则见表5-1。

表5-1　严重度等级评分规则

序号	严重程度	说　明	赋值量化等级
1	轻度影响	对机组安全稳定运行不会构成直接影响的缺陷	1
2	较大影响	不影响机组性能和全厂出力，通过设备倒换、系统隔绝即可消除的一般设备缺陷；设备已发生较明显的劣化趋势，需要加强监视运行	2
3	重大影响	影响机组性能、出力下降，必须降低机组负荷甚至结合停止主设备运行	3

续表

序号	严重程度	说　明	赋值量化等级
4	致命影响	直接危及机组、设备或人身安全，需要立即停止机组运行方能处理	4

2．发生概率等级（O）赋值

发生概率等级（O）赋值方式，是结合设备状态及检修周期确定，其等级可根据设备消缺、改造或检修进行动态修正。通常以设备生命周期为基准，将相关设备的故障模式分类，根据设备在设计制造、缺陷分析、检修安装、运行情况等方面的数据统计用专家打分法或概率函数得出各个故障模式的发生概率，并随着可靠性数据的不断积累，持续优化故障模式全生命周期的模型。总之，发生概率等级O的赋值有以下两种方式：

（1）故障数据样本充足时，采用定量分析。通过威布尔分布函数、故障模式发生概率，根据概率区间进行1～6的赋值。

（2）故障数据样本较少或不足时采用定性分析。依据设备运行状态、缺陷、检修、设计、制造等方面的信息进行专家经验赋值，分为几乎不可能、极少、很少、有时、经常、频繁分别赋值为1～6。

根据各个故障模式，依据设备运行状态、缺陷、检修、设计、制造等方面的信息，通过威布尔分布函数计算设备寿命，将计算值划分为6个区间，映射对应发生概率的分值。评分规则见表5-2。

表5-2　发生概率的评分规则

序号	发生频率	说　明		赋值量化等级
1	几乎不可能	几乎不可能发生，可忽略不计	$0 \leqslant F(t) < 0.1$	1
2	极少	不太可能发生，但行业上出现过	$0.1 \leqslant F(t) < 0.25$	2
3	很少	在系统全生命周期的某个时期可能发生，能预见	$0.25 \leqslant F(t) < 0.4$	3
4	有时	可能发生几次	$0.4 \leqslant F(t) < 0.6$	4
5	经常	发生多次，可以预期经常出现	$0.6 \leqslant F(t) < 0.8$	5
6	频繁	频繁重复出现	$0.8 \leqslant F(t) \leqslant 1$	6

3．可检测度等级（D）赋值

D衡量的是故障发生前通过现有的检测手段能够发现故障迹象的能力。D等级的高低反映了故障被及时识别的可能性，从而影响维修决策的制定。确定D通常需要综合考虑监测技术的灵敏度、技术团队的专业知识以及故障信号的明显程度。D

的赋值通常采用如下方式：

（1）检测容易 D 赋值为 1：指能通过计算机监控系统、工业电视系统等方式能快速查找并确定的故障模式。

（2）检测可行性一般 D 赋值为 2：需通过现场巡视检查、设备维护等方式查出的故障模式；现行技术很容易检测出或发现故障。

（3）检测困难 D 赋值为 3：需通过机组停机检修、设备解体等方式才能发现的故障模式；现行技术很难或不能检测出或发现故障。

根据上述 3 种分类，将 D 分别赋值 1～3，具体评分规则见表 5－3。

表 5－3　　可检测度等级评分规则

序号	检测程度	说　明	赋值量化等级
1	容易	需通过现场巡视检查、设备维护等方式查出的故障模式；现行技术很容易检测出或发现故障	1
2	一般	需通过现场巡视检查、设备维护等方式查出的故障模式，或通过一定的条件才能检测出或发现故障	2
3	困难	需通过机组停机检修、设备解体等方式才能发现的故障模式；现行技术很难或不能检测出或发现故障	3

5.3.2　基于状态评价的 RPN 计算方法

经典 RPN 方法通过计算故障模式的严重度等级（S）、发生概率等级（O）和可检测度等级（D）的乘积，来确定故障模式的风险优先级，侧重于历史数据和专家经验，存在一定的主观性和滞后性，水电机组通常运行在极端的环境条件下，如高水头、大流量和复杂的运行工况，特别是在承担调峰调频任务及风光配套消纳的机组，实际运行中更侧重于机组的状态。此外，水电设备的检修历史和发展表明，根据现有的监测技术，如振动分析、温度监测、油液分析、运行数据等形成的设备健康状态评价方法，与经典 RPN 形成互补，鉴于此，结合水电机组自身的特点和实际运行经验，对部件开展 FMEA 的同时考虑其状态，以混流式水轮机为例，制定水电机组 RPN 计算方法。

1. 严重度等级（S）赋值

混流式水轮机子单元结构树如图 5－1 所示。

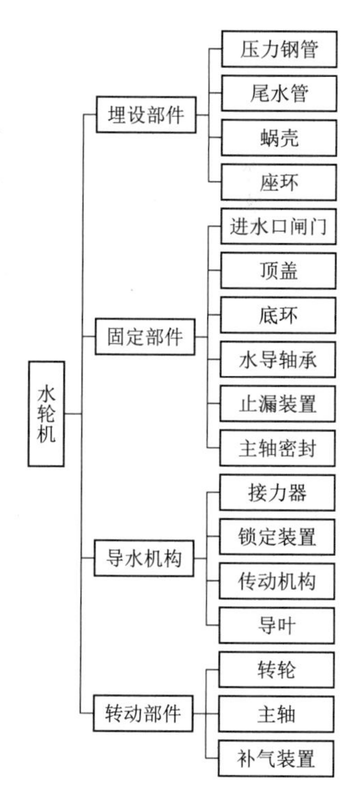

图 5－1　混流式水轮机子单元结构树

对于混流式水轮机而言，采用打分的形式将各部件根据功能分为不同的重要度等级，并区分同一部件的不同故障模式重要度。部件重要度赋值规则见表5-4。故障模式重要度赋值规则见表5-5。

表5-4　　部件重要度赋值规则

等级	重要程度	说　明	赋值
1	一般	一般部件	1
2	重要	重要部件	2
3	非常重要	关键部件	3

表5-5　　故障模式重要度赋值规则

等级	重要程度	说　明	赋值
1	轻度影响	较轻的局部异常，不影响正常运行	1
2	较大影响	子系统的部分功能丧失	2
3	重大影响	子系统全部功能丧失	3
4	致命影响	设备破坏	4

由部件重要度（用I_1表示）与故障模式重要度（用I_2表示）的乘积构成综合重要度（用I表示），即

$$I = I_1 \times I_2 \tag{5-1}$$

在实际生产中，水轮机运行状态能够通过振动、渗漏、压力等传感器数值评估得出，将状态量加入到故障模式的分析中，更符合生产实际。根据经验，将故障模式特质量的劣化程度从轻到重分为四个等级，分别为1级、2级、3级、4级，对应的赋值为2分、4分、8分、10分，详见表5-6。

表5-6　　劣化度等级赋值规则

劣化度等级	1级	2级	3级	4级
赋值	2	4	8	10

注　劣化度等级及取值说明：

1级：故障情况在正常运行情况附近波动，时而超出时而正常，存在扩大可能，相关运行参数基本正常，能够正常运行。

2级：故障情况偏离正常情况，且靠自身无法恢复正常，相关运行参数基本能够保证，基本能够维持运行。

3级：故障情况偏离正常情况较大，水轮机能维持运行但相关参数无法保证，需要及时处理。

4级：故障情况严重，水轮机不能维持运行。

将综合重要度和劣化度等级相乘，即可得出严重度等级。

2. 发生概率等级赋值

根据多个水电厂的运行规律设备管理人员、统计数据，得出发生概率等级赋值规律，见表 5-7。

表 5-7　发生概率等级赋值规则

等级	经验分析	发生概率	赋值
1	几乎不可能：几乎不可能发生，可忽略不计	$F(t)<0.1$	1
2	极少：不太可能发生，但行业上出现过	$0.1\leqslant F(t)<0.25$	2
3	很少：在系统全生命周期的某个时期可能发生，能预见	$0.25\leqslant F(t)<0.4$	3
4	有时：可能发生几次	$0.4\leqslant F(t)<0.6$	4
5	经常：发生多次，可以预期经常出现	$0.6\leqslant F(t)<0.8$	5
6	频繁：频繁重复出现	$0.8\leqslant F(t)$	6

3. 可检测度等级赋值

可检测度等级指设备故障模式能被检测发现的难度，赋值规则见表 5-8。

表 5-8　可检测度等级赋值规则

等级	检测程度	说明	赋值
1	容易	在线监测技术很容易检测出或发现故障，并能实时报警	1
2	一般	在线监测技术无法直接检测出故障，需通过进一步分析计算确定	2
3	较难	需通过现场巡视检查、设备维护等方式查出的故障模式，或通过一定的条件才能检测出或发现故障	3
4	困难	现行技术很难或不能检测出或发现故障，需设备停机解体后才能发现的故障	4

根据计算得出风险优先数 R 值，确定当前风险类别并制定维修策略，R 值对应的检修策略见表 5-9。

表 5-9　R 值对应的检修策略

序号	R 值	风险等级	设备状态	检修策略
1	$R\leqslant5\%$	最小风险	正常状态	可持续稳定运行，不检修
2	$5\%<R\leqslant20\%$	中险	注意状态	可长期运行，结合计划检修
3	$20\%<R\leqslant40\%$	严重风险	异常状态	加强监视，采取必要措施尽快检修
4	$R>40\%$	不能容忍风险	危险状态	可能引起设备损坏，应立即检修

5.3.3 计算案例

以水轮机顶盖的螺栓为例进行案例分析。水轮机顶盖螺栓是水轮机最重要的螺栓之一，其失效可能导致巨大的损失，水电领域历史上最严重的事故之一俄罗斯萨扬水电站溃坝事故就是由于顶盖多枚螺栓失效造成。因此，顶盖螺栓的可靠性和安全性一直是水电行业重点关注的问题。表 5－10 依据经验对顶盖螺栓的故障模式及劣化评级进行赋值说明。表 5－11 为顶盖螺栓 FMEA 表。

表 5－10　　　　顶盖螺栓故障模式及劣化分值标准

部件名称	故障模式	劣化分值标准
顶盖螺栓	螺栓松动	螺纹紧固标示线无移动，劣化度等级为 1 级； 螺栓紧固标示线偏移＜5°，劣化度等级为 2 级； 螺栓紧固标示线偏移≥5°且＜10°，劣化度等级为 3 级； 螺栓紧固标示线偏移≥10°，劣化度等级为 4 级
顶盖螺栓	螺栓断裂	运行时长＜20000h、振动区运行时长＜5000h、启停次数＜1000 次，劣化度等级为 1 级； 20000h≤运行时长＜30000h 或 5000h≤振动区运行时长＜8000h 或 1000 次≤启停次数＜2000 次，劣化度等级为 2 级； 30000h≤运行时长＜40000h 或 8000h≤振动区运行时长＜11000h 或 2000 次≤启停次数＜3000 次，劣化度等级为 3 级； 40000h≤运行时长或 11000h≤振动区运行时长或 1000 次≤启停次数，劣化度等级为 4 级
顶盖螺栓	螺栓失效	垂直振动小于规范要求，劣化度等级为 1 级； 100%规范要求≤顶盖垂直振动＜规范要求小于规范要求 105%，劣化度等级为 2 级； 105%规范要求≤顶盖垂直振动＜规范要求小于规范要求 110%，劣化度等级为 3 级； 规范要求 110%≤顶盖垂直振动，劣化度等级为 4 级

表 5－11　　　　顶盖螺栓 FMEA 表

部件重要度（I_1）	故障模式	故障模式重要度（I_2）	综合重要度（I）	发生概率等级（O）	可检测度赋值（D）	故障原因	故障影响	采取措施
3	螺栓松动	2	6	2	2	工艺不当	振动增大	维修（紧固螺栓）
3	螺栓断裂	4	12	2	2	材质不当	机组非停	检修（更换螺栓）
3	螺栓失效	4	12	2	4	设计不当	振动增大，设备损坏	检修（更换螺栓）

由表5-10、表5-11对照可得，若顶盖螺栓运行时长大于40000h，有顶盖断裂的风险，劣化度等级为4级，则严重度等级为$S=12\times4=48$，$R=48\times4\times2\div(48\times6\times4)\times100\%\approx33\%$，即该顶盖螺栓处于异常状态，应当立即安排检修。水电机组状态评价表见附件C。

第6章 基于支持向量回归机威布尔分布的可靠性分析模型研究

可靠性指的是设备在特定时间和条件下成功完成预设任务的概率，它是清洁能源发电系统预防性维护决策的关键考量，同时也是传统 RCM 理论的核心焦点。然而，传统 RCM 理论中的可靠性评估主要依赖于人员的主观判断。相比之下，现代方法则通过分析设备从设计到报废整个生命周期内的数据来评估可靠性。鉴于设备在不同阶段对可靠性评估的需求各有侧重，因此采用了不同的分析模型。这些模型的核心在于梳理现有数据，识别设备可靠性的薄弱环节，并探究其成因，从而为实施有针对性的预防性维护工作提供决策支持，确保设备能够持续满足功能要求，提升任务完成概率。

发电设备一旦投入运行，若某些子系统或组件发生故障导致停机，将造成重大经济损失，进而影响风电场的整体效益。因此，在制定运维策略时，仅对可能导致停机的子系统及组件进行定性分析是不够的，还需进行定量计算分析，明确各子系统和关键组件的故障分布特征、平均寿命等可靠性指标，从而制定出科学合理的运维策略，有效降低设备故障率。

我国传统水力发电设备多为定制化产品，同类设备间参数差异较大，难以形成大规模的同类型机组运行和维护数据。然而，近年来投运的径流式水电站机组数量多，单机容量受水头限制较小，且对水头控制的精准度要求极高。这些因素为水电站发电设备收集大量样本数据提供了有利条件，为后续的设备可靠性量化分析及失效模型构建奠定了数据基础。

国内已建成的风电场以大规模为主，场内同时运行着大量同类型、同型号的风力发电机组。这有利于收集和整理风力发电机组的故障数据，并通过大数据分析快速识别故障机理，为风力发电机组设备可靠性量化分析及失效模型构建提供数据支持。当故障数据积累到一定程度时，可以揭示出风力发电机组中各子系统或组件的故障规律，形成统计意义上的故障模式。在此基础上，可以对风力发电机组整机及其子系统的运行可靠性进行定量分析，为制定合理的运维策略提供量化依据。

国内外在发电设备运行可靠性分析方法方面已进行了大量研究，包括基于故障数据建立设备寿命分布模型、优化设备运维决策等。然而，由于水电站和风电场故障数据的采集整理难度较大，尽管各站点已积累了一定数量的故障数据，但缺乏统一、规范的故障数据库，这严重制约了运行可靠性分析工作的开展。因此，目前针对水电和风电发电设备运行可靠性的研究仍缺乏实际故障数据的验证和分析支持。

6.1 设备可靠性分析基础

6.1.1 设备可靠性量化分析流程

设备可靠性数据分析的一般流程如图 6-1 所示。其包括以下几个方面：一是确立设备运行所需的可靠性要求及其相应的评价指标；二是明确设备的结构组成、功能划分以及所需执行的任务范畴；三是根据前面可靠性要求和功能任务，针对设备实际建立可靠性分析模型；四是按照设备结构类型收集运行数据，尤其重点收集设备故障相关的信息；五是对收集到的数据进行预处理并采取合适的可靠性指标进行评估；六是得到设备的可靠性评估结论，并找到影响设备可靠性的关键因素。

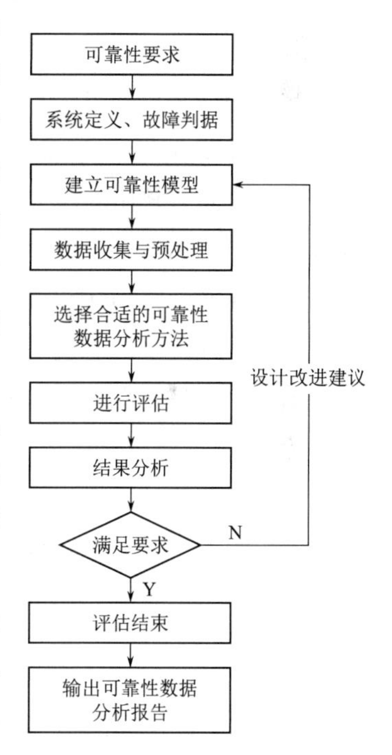

图 6-1 设备可靠性数据分析的一般流程

国内有研究专注于灯泡贯流式水轮发电机组与风力发电机组的可靠性量化分析，该研究在遵循可靠性数据分析基本框架的基础上，特别强化了设备失效率与可靠度的量化评估环节，量化计算分析流程详如图 6-2 所示。此研究的核心目的在于，通过量化评估发电设备的可靠性，提炼出能直观体现设备可靠性水平的两个关键指标：设备失效率与可靠度。这两个核心指标为后续设备维修决策提供了基础性的评价依据。因此，相较于常规的可靠性数据分析流程，该研究设计的量化分析流程更具针对性，流程更为精减高效，迭代速度显著提升，所得数据结果的利用率也大幅提高，为 RCM 理论在维修决策中的全面应用奠定了更为精确的数据基础。

6.1.2 可靠性量化指标确定

工程应用中，为了便于更好地反映设备可靠性状态，通过一些量化指标来描述

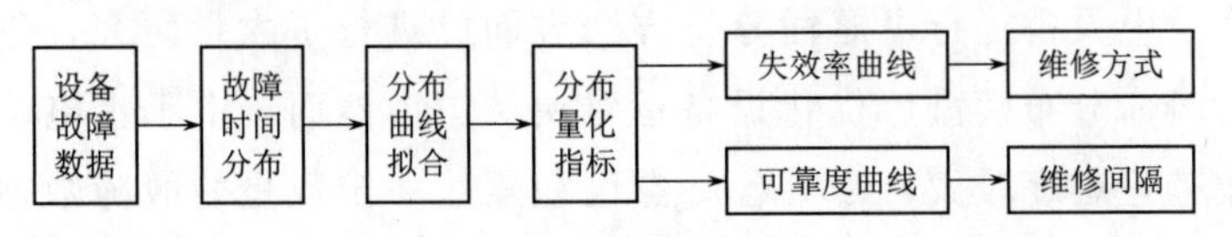

图6-2 发电设备可靠性指标量化计算分析流程

设备的可靠性。可靠性的分析难以通过一个量化指标来反映，需要多个系统量化指标综合反映出设备的可靠性。根据风电场现有数据，确定可以进行计算的可靠性指标有可靠度$R(t)$、不可靠度（累积失效概率分布函数）$F(t)$、失效概率密度函数$f(t)$、失效率$\lambda(t)$、平均无故障工作时间（*MTBF*）、平均首次故障前工作时间*MTTFF*、可靠寿命、计划停运系数*POF*、非计划停运系数*UOF*、可用系数*AF*、非计划停运发生率*UOOR*。根据灯泡贯流式水轮发电机组和风力发电机组的实际结构情况，将指标计算分为三个层次，即系统层次、子系统层次以及底层部件层次，使得分析的结果具有宏观及微观两方面的特性，为维修辅助决策提供更为丰富的信息支持。

以下对一些常用的可靠性指标进行介绍。

（1）可靠度$R(t)$：设备在规定工况下、规定时间内、实现规定功能的概率，是时间t的函数。通常用一个非负随机变量X来描述产品寿命，即风力发电机组开始工作到失效的时间，则可靠度可表示为$R(t)=P\{X>t\}$。

（2）可靠寿命：由于可靠度$R(t)$是时间函数，可靠寿命可以表示为风力发电机组在规定条件下完成规定功能的概率大于某个设定值R时设备是可靠的对应的时间，即$R(t)=P\{X>t\}>R$所求得的时间。$R(t)=0.5$时对应的时间$t_{0.5}$称为中位寿命，$R(t)=0.368$时对应的时间$t_{0.368}$称为特征寿命。

（3）不可靠度$F(t)$：表示风力发电机组在规定工作条件和规定时间内不能完成规定功能的概率，是时间t的函数。可以表示为$F(t)=P\{X\leqslant t\}$，因为设备功能实现与否是两个对立事件，所以不可靠度和可靠度是互补的关系，即$F(t)=1-R(t)$。

计算不可靠度时，先将无故障时间间隔的样本t_i从小到大排列，并按一定的公式进行计算。

将n个样本从小到大排列后得到

$$t_1\leqslant t_2\leqslant t_3\leqslant\cdots\leqslant t_n \tag{6-1}$$

大量的统计实验显示，若样本量较小可以采用平均秩公式和中位秩公式进行累计失效概率的计算，计算公式分别为

$$\widetilde{F}(t_i)=\frac{i}{n+1}(i=1,2,\cdots,n) \tag{6-2}$$

$$\widetilde{F}(t_i)=\frac{i-0.3}{n+0.4}(i=1,2,\cdots,n) \tag{6-3}$$

如果样本量较大，可以根据计算为

$$\widetilde{F}(t_i)=\frac{i}{n}(i=1,2,\cdots,n) \tag{6-4}$$

式中 i ——排列之后样本所在的位置；

n ——样本总量。

（4）失效概率密度函数 $f(t)$：指在时间段（t，$t+\Delta t$）内设备发生失效的概率，是累计失效函数 $F(t)$ 对于时间的一阶导数，即

$$f(t)=\frac{\mathrm{d}F(t)}{\mathrm{d}t} \tag{6-5}$$

（5）失效率 $\lambda(t)$：表示设备在 t 时刻正常工作，在 t 时刻后，单位时间内发生故障的概率。产品在 t 时刻正常工作，在时间区间（t，$t+\Delta t$］中失效的概率为

$$P\{X\leqslant t+\Delta t \mid X>t\}=\frac{F(t+\Delta t)-F(t)}{R(t)}\mathrm{P}\{X\leqslant t+\Delta t\} \tag{6-6}$$

两边同时除以 Δt，求 $\Delta t\to 0$ 的极限，可以得到 t 时刻正常工作的设备，在 t 时刻后，单位时间内发生故障的概率 λ（t）。

$$\lambda(t)=\lim_{\Delta t\to 0}\frac{F(t+\Delta t)-F(t)}{\Delta t}\frac{l}{R(t)}=\frac{F'(t)}{R(t)}=\frac{f(t)}{R(t)} \tag{6-7}$$

失效率函数指标在 RCM 中运用广泛，是开展设备可靠性评价的重要指标。RCM 中不同的失效率函数模型对应着不同的维修决策方法。

（6）可用度 $A(t)$：指运行时间段内，设备处在正常状态的比例。对于一个仅有正常和故障两种状态的设备，$t\geqslant 0$ 时，令

$$X(t)=\begin{cases}1-\text{时刻 } t \text{ 产品正常}\\0-\text{时刻 } t \text{ 产品失效}\end{cases} \tag{6-8}$$

产品在 t 时刻的瞬时可用度为

$$A(t)=P\{X(t)=I\} \tag{6-9}$$

在瞬时可用度的基础上，定义在［0，t］时间内的平均可用度为

$$\widetilde{A}(t)\frac{l}{t}\int_0^t A(u)\,\mathrm{d}u \tag{6-10}$$

若极限

$$A=\lim_{\Delta t\to\infty}A(t) \tag{6-11}$$

存在，则称其为稳态可用度。工程中通过稳态可用度来反映长期运行的设备，有多少时间比例处于正常工作状态。

（7）平均寿命：表示无故障工作时间 T 的数学期望。对于不可修复的设备指设备寿命的平均值，记为 MTTF（mean time to failures）。其统计值为所有实验样本寿命都终结时所得到的各试验寿命的算术平均值。对可修复设备，平均寿命指平均无

故障工作时间，记为MTBF（mean time between failures），其统计值可表示为观察期间内累计工作时间与故障次数的比值。

（8）平均首次故障前工作时间（MTTFF）：用于量度故障模式，是早期故障的可靠性指标，即

$$MTTFF = \frac{\text{运行到首次失效的时长}}{\text{首次失效次数}} \tag{6-12}$$

（9）可靠寿命：是由给定可靠度求出的与其相对应的工作时间。

$R(t)=0.5$ 时对应的时间 $t_{0.5}$ 称为中位寿命。

$R(t)=0.368$ 时对应的时间 $t_{0.368}$ 称为特征寿命。

（10）非计划停运系数 UOF：用于衡量风电场运行状态，有

$$UOF = \frac{\text{非计划停运时长}}{\text{统计时长}} \tag{6-13}$$

（11）可用系数 AF：衡量风电场运行状态，有

$$AF = \frac{\text{可用时长}}{\text{统计时长}} \tag{6-14}$$

（12）非计划停运发生率 $UOOR$：衡量风电场运行状态，有

$$UOOR = \left(\frac{\text{非计划停运次数}}{\text{可用时长}}\right) \times 8760 \tag{6-15}$$

针对不同的设备运行环境及评价要求，应使用不同的量化指标来开展设备的可靠性评价。如通过设备可靠度指标来反映设备统计期内完成规定功能的概率；对于一些关键部件的可靠性可以用失效率、使用寿命以及平均无故障时间等指标来反映。

6.2　发电设备寿命分布模型

可用来描述发电设备寿命分布的模型包括指数分布、伽马分布、威布尔分布、对数正态分布、极值分布等。目前针对复杂机电一体化设备及其部件的寿命分布模型主要采用威布尔分布模型进行描述，因此此处采用威布尔分布模型描述风力发电机组的寿命分布特性。本节对威布尔分布模型的基本概念、模型参数估计方法进行介绍。

6.2.1　威布尔分布模型

若非负随机变量 X 有失效概率密度函数

$$f(t) = \frac{\beta}{\eta}\left(\frac{t-\gamma}{\eta}\right)^{\beta-1} \exp\left[-\left(\frac{t-\gamma}{\eta}\right)\right], t \geqslant \gamma \tag{6-16}$$

则称 X 遵从参数为（β，η，γ）的威布尔分布，其累计失效函数为

$$F(t)=1-\exp\left[-\left(\frac{t-\gamma}{\eta}\right)\right],t\geqslant\gamma \tag{6-17}$$

其期望和方差分别为

$$EX=\gamma+\eta\Gamma\left(1+\frac{1}{\beta}\right),\mathrm{Var}X=\eta^{2}\left[\Gamma\left(1+\frac{1}{\beta}\right)-\Gamma^{2}\left(1+\frac{1}{\beta}\right)\right] \tag{6-18}$$

式中$\Gamma(\alpha)$为伽马分布，$\Gamma(\alpha)=\int_{0}^{\infty}x^{\alpha-1}\mathrm{e}^{-x}\mathrm{d}x$。

威布尔分布中，$\beta>0$为形状参数，$\eta>0$为尺度参数，$\gamma\geqslant 0$为位置参数。

形状参数β决定了威布尔分布的形状，同时形状参数值的不同也是对故障机理的反映，如图6-3所示。$\beta=1$时，威布尔分布表达式与指数分布的表达式相同，当$\beta=2$时，威布尔分布接近瑞利分布，当$\beta=3\sim4$时，威布尔分布接近正态分布。

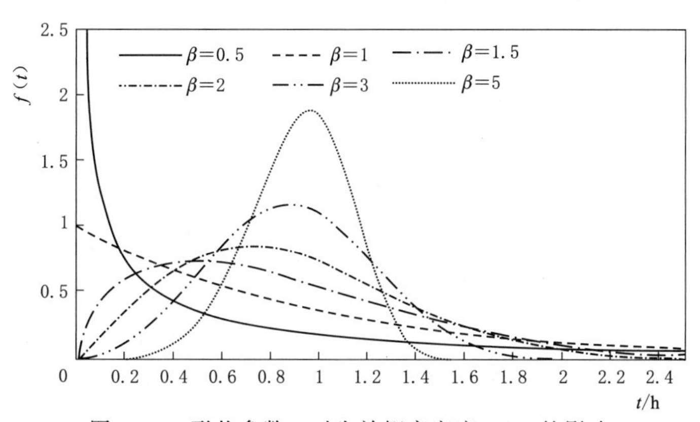

图6-3　形状参数β对失效概率密度$f(t)$的影响

威布尔分布形状参数β对故障机理的反映体现在对失效率曲线的影响上，如图6-4所示。

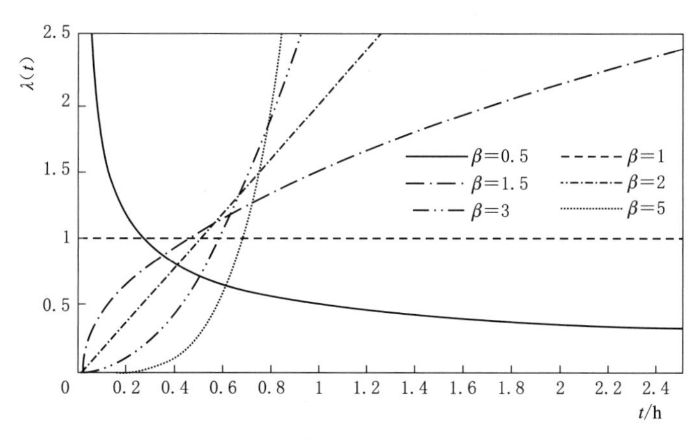

图6-4　形状参数β对失效率$\lambda(t)$的影响

$\beta<1$时，失效率曲线逐渐降低，可以用于早期故障的建模。

$\beta=1$时，失效率曲线水平，可以用于偶然故障的建模。

$1<\beta<2$ 时，失效率曲线逐渐上升，上升速度逐渐减缓，可以用于轻微损耗故障的建模。

$\beta=2$ 时，失效率曲线为一条上升斜线，可以用于有明显损耗故障的建模。

$\beta>2$ 时，失效率曲线逐渐上升，上升速度逐渐增加，可以用于有明显损耗故障的建模。

尺度参数 η 在横向上对失效概率密度曲线起到缩放的作用，不影响曲线的形状，如图 6-5 所示，三条曲线的 β 和 γ 均相同，尺度参数 η 仅影响曲线的横向尺寸，η 越大曲线越窄。

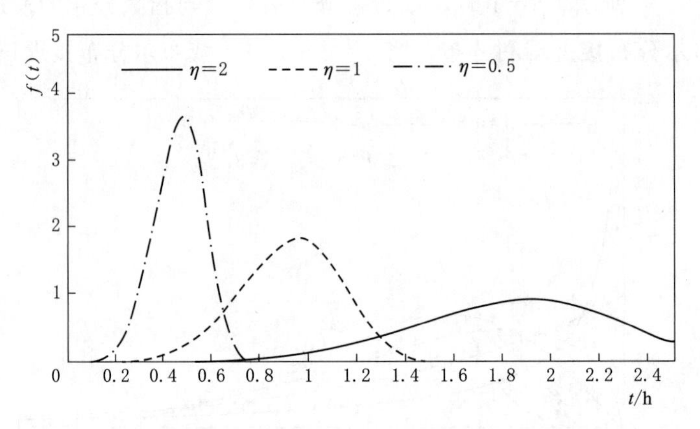

图 6-5　尺度参数 η 对失效概率密度 $f(t)$ 的影响

位置参数 γ 也称最小保证寿命，即在时间小于 $t=\gamma$ 之前，设备都不会发生故障。位置参数 γ 决定了曲线的起始位置。图 6-6 表明了在 β 和 η 相同的情况下，位置参数 γ 对曲线的影响。

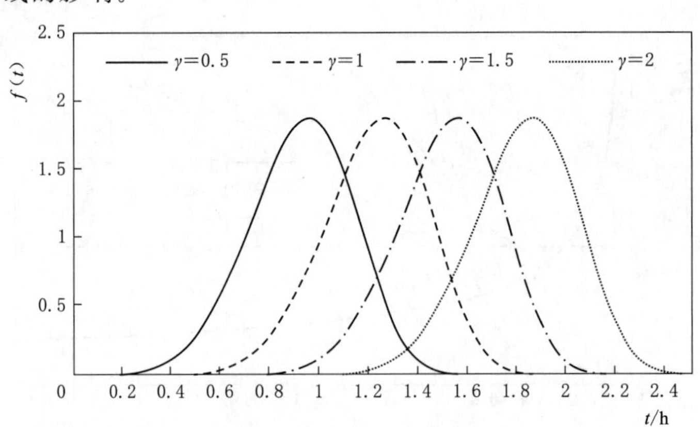

图 6-6　位置参数 γ 对失效概率密度 $f(t)$ 的影响

工程应用过程中经常假设 $\gamma=0$ 的情况，即设备在 $t=0$ 的时刻就有可能发生故障，将原三参数威布尔分布转化为二参数威布尔分布，其失效概率密度函数 $f(t)$、

累计失效概率密度函数 $F(t)$、失效率函数 $\lambda(t)$ 分别为

$$f(t)=\frac{\beta}{\eta}\left(\frac{t}{\eta}\right)\exp\left[-\left(\frac{t}{\eta}\right)^{\beta}\right],t\geqslant 0 \tag{6-19}$$

$$F(t)=l-\exp\left[-\left(\frac{t}{\eta}\right)^{\beta}\right],t\geqslant 0 \tag{6-20}$$

$$\lambda(t)=\frac{\beta}{\eta}\left(\frac{t}{\eta}\right)^{\beta-l},t\geqslant 0 \tag{6-21}$$

威布尔分布函数能反映多种机理的设备故障情况，可以描述早期故障、偶然故障分布和损耗性故障特征，因此在可靠性工程中，广泛使用威布尔分布模型来反映设备运行状态的分布规律。同时，风力发电机组是复杂的机电一体化设备，几乎涵盖了从早期故障到损耗故障的各种故障类型，因此，选用威布尔分布作为描述风力发电机组故障的模型，可以做到简洁、统一、合理。

6.2.2 威布尔分布模型

本节主要介绍应用解析法的威布尔分布模型，包括参数估计方法、最小二乘法和估计方法的评价标准。

1. 参数估计方法

在发电设备可靠性研究中用到的各种模型参数都是未知的，需要应用故障统计数据样本提供的信息对分布函数中的未知参数进行评估，这一过程称为参数估计。

参数估计分为点估计和区间估计。如果取样本的一个函数 θ^*（x_1，x_2，…，x_n）作为未知参数的估计值，则称 θ^*（x_1，x_2，…，x_n）为 θ 参数的点估计，给定 x_1，x_2，…，x_n 时，就只能得到 θ^* 的一个值。如果取样本的两个函数 θ_1^*（x_1，x_2，…，x_n）和 θ_2^*（x_1，x_2，…，x_n），且使区间（θ_1^*，θ_2^*）以某一给定的概率包含 θ，这种形式的估计称为区间估计，给定 x_1，x_2，…，x_n 时，就能够确定位置参数所在的区间（θ_1^*，θ_2^*）。

本次使用的威布尔分布模型，其应用中未知参数包括有形状参数、位置参数和尺度参数。只有将这三个参数具体量化数值，才能通过威布尔分布模型进行计算，得到对应发电设备的可靠性量化指标。

2. 最小二乘法

线性回归分析是一个优化过程，以回归估计值与观测值之间的偏离程度最小为目标函数。设变量 x 与 y 之间的线性关系表示为

$$y=w\cdot x+b \tag{6-22}$$

需要根据观测数据（x_1，y_1），（x_2，y_2），…，（x_n，y_n），确定式（6-22）中的参数 w 和 b。用 $\hat{w}$ 和 $\hat{b}$ 表示 w 和 b 的估计值，对每个 x_i（$i=1$，…，n），可以根

据式（6-22）计算回归值，即

$$y_i = w \cdot x_i + b \quad (i = 1, 2, \cdots, n) \tag{6-23}$$

这个回归值 $\hat{y}_i$ 与实际观察值 y_i 之差可以表示为

$$y_i - \hat{y}_i = y_i - b - w \cdot x_i \quad (i = 1, 2, \cdots, n) \tag{6-24}$$

式（6-24）称为损失函数，表达了回归直线 $y = \hat{w} \cdot x + \hat{b}$ 与观察值之间的偏离程度，此偏离程度越小，则认为直线与所有试验点拟合得越好。令

$$Q(w, b) = \sum (y_i - b - wx_i)^2 \tag{6-25}$$

式（6-25）表示所有观察值 y_i 与回归直线 $\hat{y}_i$ 的偏离平方和，它刻画了所有观察值与回归直线的偏离度。最小二乘法就是寻找 w 和 b 的估计值 $\hat{w}$ 和 $\hat{b}$，使

$$Q(w, b) = \min Q(w, b) \tag{6-26}$$

利用微分方法，求 Q 关于 w 和 b 的偏导数，并令其为零，则有

$$\begin{cases} \dfrac{\partial Q}{\partial w} = -2 \sum_{i=1}^{n} (y_i - b - w \cdot x_i) x_i = 0 \\ \dfrac{\partial Q}{\partial b} = -2 \sum_{i=1}^{n} (y_i - b - w \cdot x_i) x_i = 0 \end{cases} \tag{6-27}$$

整理得

$$\begin{cases} \left(\sum_{i=1}^{n} x_i\right) b + \left(\sum_{i=1}^{n} x_i^2\right) w = \sum_{i=1}^{n} x_i y_i \\ nb + \left(\sum_{i=1}^{n} x_i\right) w = \sum_{i=1}^{n} y_i \end{cases} \tag{6-28}$$

解此方程组得

$$\begin{cases} \hat{b} = \bar{y} - \bar{x}\hat{w} \\ \hat{w} = \left(\sum_{i=l}^{n} x_i y_i - n\overline{xy}\right) / \left(\sum_{i=l}^{n} x_i^2 - n\bar{x}^2\right) \end{cases} \tag{6-29}$$

其中，

$$\bar{x} = \frac{l}{n} \sum_{i=l}^{n} x_i, \bar{y} = \frac{I}{n} \sum_{i=1}^{n} y_i$$

若记

$$L_{xy} = \sum_{i=l}^{n} (x_i - \bar{x})(y_i - \bar{y}) = \sum_{i=l}^{n} x_i y_i - n\overline{xy} \tag{6-30}$$

$$L_{xx} = \sum_{i=l}^{n} (x_i - \bar{x})^2 = \sum_{i=l}^{n} x_i^2 - n\bar{x}^2 \tag{6-31}$$

则有

$$\begin{cases}\hat{b}=\bar{y}-\bar{x}\hat{w}\\ \hat{w}=L_{xy}/L_{xx}\end{cases} \tag{6-32}$$

式（6－32）变换后取对数可得

$$b=-\beta\ln\eta$$
$$w=\beta \tag{6-33}$$

根据估计值，变形可以得到

$$\beta=\hat{w}$$
$$\eta=e^{-\frac{\eta}{\beta}} \tag{6-34}$$

可以得到 β 和 η 的估计值。

3. 估计方法的评价标准

为了定量表示应用不同估计方法对同一试验样本进行拟合的精确程度，统计学中常用均方根误差（*RMSD*）和相对均方根误差（*NRMSE*）两种评价指标。

$$RMSD=\sqrt{\left\{\sum_{i=1}^{n}[\widetilde{F}(t_i)-\hat{F}(t_i)]^2\right\}/n} \tag{6-35}$$

$$NRMSE=\sqrt{\frac{\left\{\sum_{i=1}^{n}[\widetilde{F}(t_i)-\hat{F}(t_i)]^2\right\}}{\sum_{i=1}^{n}\widetilde{F}^2(t_i)}} \tag{6-36}$$

式中　$\widetilde{F}(t_i)$ ——试验样本寿命累积失效概率 $\widetilde{F}(t_i)$ 观测值，是将参数估计值代入累积失效概率函数得到累积失效概率的计算值。

6.3　基于支持向量回归机的威布尔分布模型的参数估计

传统的分布模型参数估算依赖于大量的故障样本数据，然而，对于刚投入运行不久的设备或那些缺乏充足运维数据统计的小样本设备而言，故障数据的积累往往不足，导致传统方法难以准确估算模型参数，这给设备运行可靠性分析带来了难题。支持向量回归机（support vector regression，SVR）作为一种针对小样本问题的有效解决方案，在本研究中被应用于威布尔分布模型的参数估算。具体而言，以灯泡贯流式机组的水轮机系统和风力发电机组的风轮系统为例，构建了故障的威布尔分布模型，并运用支持向量回归机方法进行模型参数的估算。通过与基于最小二乘法的参数估算结果进行对比分析，本研究验证了基于 SVR 的威布尔分布模型参数估算在灯泡贯流式机组水轮机系统以及风力发电机组风轮系统上的有效性和实用性。

6.3.1　线性ε－带支持向量回归机

支持向量回归机以支持向量机为基础，引入损失函数实现参数估计。本节主要引入线性ε－带支持向量回归机。设$\varepsilon>0$，一个超平面$y=w\cdot x+b$的ε－带定义为该超平面沿y轴依次上下平移ε所扫过的区域，即

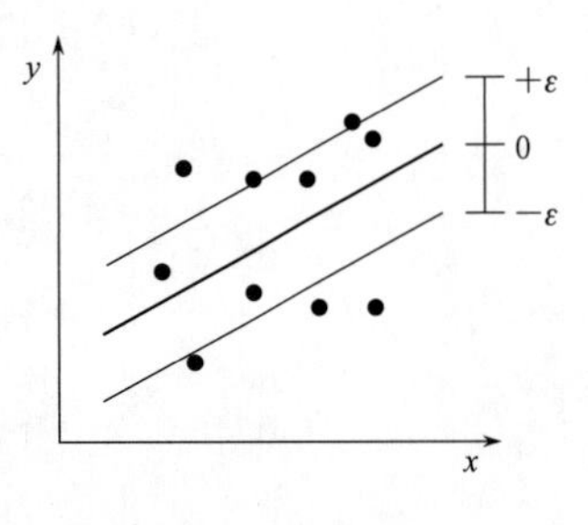

图6－7　线性ε－带

$$\{(x,y)\,|\,w\cdot x+b-\varepsilon<y<w\cdot x+b+\varepsilon\} \tag{6-37}$$

线性ε－带如图6－7所示，图中“•”点表示训练样本点，实线表示超平面$y=w\cdot x+b$，两实线之间的区域是该超平面的ε－带，该超平面就是一个ε－带超平面。

线性ε－带支持向量回归机允许有一些训练点不在ε－带内，用惩罚系数来考虑这些点对回归结果的影响。建立优化模型为

$$\begin{cases}\min\limits_{w,b} & \dfrac{1}{2}\|w\|^2+C\sum_{i=l}^{l}(\xi_i+\xi_i^*)\\ \text{s.t.} & \begin{cases}w\times x_i+b-y_i\leqslant\varepsilon+\xi_i^*\\ y_i-w\times x_i-b\leqslant\varepsilon+\xi_i\\ \xi_i,\xi_i^*\geqslant 0,i=1,2,\cdots,l\end{cases}\end{cases} \tag{6-38}$$

式中　C——惩罚系数，取值见式（6－37）；

ε——误差系数，取值见式（6－38）；

ξ_i和ξ_i^*——松弛变量。

松弛变量定义为

$$\begin{cases}\xi_i=\max\{0,[y_i-f(x_i)-\varepsilon]\}\\ \xi_i^*=\max\{0,[f(x_i)-y_i-\varepsilon]\}\end{cases},i=1,2,\cdots,l$$

可以看出，对于第i个样本点，ξ_i和ξ_i^*至少有一个为0。

令$\xi^{(*)}=(\xi_1,\xi_1^*,\cdots,\xi_l,\xi_l^*)^{\mathrm{T}}$，引入Lagrange函数，有

$$\begin{aligned}L[w,b,\xi^{(*)},\alpha^{(*)},\eta^{(*)}]=&\frac{1}{2}\|w\|^2+C\sum_{i=l}^{l}(\xi_i+\xi_i^*)-\sum_{i=l}^{l}(\eta_i\xi_i+\eta_i^*\xi_i^*)\\&-\sum_{i=l}^{l}\alpha_i(\varepsilon+\xi_i+y_i-w\cdot x-b)\\&-\sum_{i=l}^{l}\alpha_i^*(\varepsilon+\xi_i^*-y_i+w\cdot x_i+b)\end{aligned} \tag{6-39}$$

$$\boldsymbol{\alpha}^{(*)}=(\alpha_l,\alpha_l^*,\cdots,\alpha_l,\alpha_l^*)^{\mathrm{T}}$$

$$\boldsymbol{\eta}^{(*)}=(\eta_1,\eta_1^*,\cdots,\eta_l,\eta_l^*)^{\mathrm{T}}$$

式中，$\boldsymbol{\alpha}^{(*)}$，$\boldsymbol{\eta}^{(*)}$——Lagrange 乘子向量。

构造并求解：

$$\begin{cases}\min_{\alpha^{(*)}\in R^{2n}} \quad \dfrac{1}{2}\sum\limits_{i,j=l}^{l}(\alpha_i^*-\alpha_i)(\alpha_j^*-\alpha_j)(x_i,x_j)+ \\ \boldsymbol{\varepsilon}\sum\limits_{i}^{l}(\alpha_i^*+\alpha_i)-\sum\limits_{i}^{l}y_i(\alpha_i^*-\alpha_i) \\ \text{s. t.} \quad \sum\limits_{i=l}^{l}(\alpha_i-\alpha_i^*)=0,0\leqslant\alpha_i^{(*)}\leqslant C,i=1,\cdots,l\end{cases}$$

得最优解：

$$\overline{\alpha}^{(*)}=(\overline{\alpha}_1,\overline{\alpha}_1^*,\cdots,\overline{\alpha}_n,\overline{\alpha}_n^*)^{\mathrm{T}}$$

分别计算 $\hat{w}$ 和 $\hat{b}$。

$$\hat{w}=\sum_{i=1}^{n}(\overline{a_i}^*-\overline{a_i})x_i \tag{6-40}$$

选取 $\overline{a_{\mathrm{i}}}^*$ 的位于开区间（0，C）的 $\overline{a_{\mathrm{j}}}$ 或 $\overline{a_{\mathrm{k}}}^*$ 分量，计算 $\hat{b}$，有

$$\hat{b}=y_j-\sum_{i=1}^{n}(\overline{a_i}^*-\overline{a_i})(x_i\cdot x_j)+\varepsilon \tag{6-41}$$

或

$$\hat{b}=y_k-\sum_{i=1}^{n}(\overline{a_i}^*-\overline{a_i})(x_i\cdot x_j)-\varepsilon \tag{6-42}$$

6.3.2 支持向量回归机参数选择

支持向量回归机的参数选择是一个优化过程，惩罚系数 C、误差系数 ε 等的选择决定了支持向量机学习能力的优劣。本节采用 Cherkassky 提出的方法确定支持向量机的参数。

惩罚系数 C 的计算公式为

$$C=\max(|\overline{y}+3\sigma_y|,|\overline{y}-3\sigma_y|) \tag{6-43}$$

式中 $\overline{y}$、σ_y——训练样本$(y_1,y_2,\cdots,y_l)$的均值和其标准差。

误差系数 ε 的计算公式为

$$\varepsilon=3\sigma\sqrt{\ln n/n} \tag{6-44}$$

式中 n——训练样本数量；

σ——噪声标准偏差，一般取 0～0.2。

6.3.3　估计精度的评价

采用统计学中的相对均方根误差（*NRMSE*）对不同参数估计方法的精度进行定量评估。相对均方根误差（*NRMSE*）定义为

$$NRMSE=\sqrt{\frac{\left[\sum_{i=l}^{n}\left[\widetilde{F}(t_i)-\hat{F}(t_i)\right]^2\right]}{\sum_{i=l}^{n}\widetilde{F}^2(t_i)}} \tag{6-45}$$

式中　$\widetilde{F}(t_i)$ ——试验样本寿命累积失效概率观测值；

$\hat{F}(t_i)$ ——将参数估计值代入累积失效概率函数得到的累积失效概率计算值。

6.3.4　应用实例

1. 某水电站应用实例

以某水电站 9 台灯泡贯流式发电机组为研究对象进行方法有效性的验证。选取水轮机子系统故障数据为研究对象，对水轮机系统的 414 次故障时间间隔样本数据进行线性化处理并计算所得 x 与 y 之间的相关系数，结果如图 6-8 中的散点所示。

$$\rho=\frac{\sum_{i=1}^{n}x_iy_i-n\bar{x}\cdot\bar{y}}{\left[\left(\sum_{i=1}^{n}x_i^2-n\bar{x}^2\right)\cdot\left(\sum_{i=1}^{n}y_i^2-n\bar{y}^2\right)\right]^{1/2}}=0.993\approx 1 \tag{6-46}$$

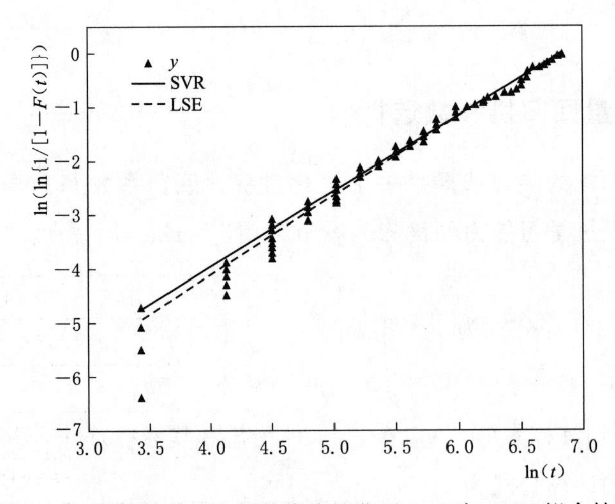

图 6-8　水轮机系统全部数据线性化后 LSE 与 SVR 拟合结果

分别对线性化后的水轮机系统故障数据运用最小二乘参数估计法（LSE）及基于支持向量回归机的参数估计方法（SVR）进行拟合，结果如图 6-8 所示。根据拟

合曲线计算得到的威布尔分布形状参数和位置参数列于表 6-1，表中同时列出参数识别的相对均方根误差值。可以看出，使用 LSE 和 SVR 两种方法所得的 β 和 η 的估计值基本一致，从 $NRMSE$ 的值来看，SVR 的误差小于 LSE 的误差，说明 SVR 可以实现 LSE 的参数估计效果，甚至可以得到优于 LSE 的效果。

表 6-1　全部故障数据在两种方法下的估计结果比较

参数	LSE	SVR
β	1.4623	1.3962
η	894.8580	916.3208
$NRMSE$	0.0414	0.0364

根据识别的形状参数和位置参数，本次选取水轮机子系统故障数据进行分析，做出水轮机子系统的失效率曲线如图 6-9 所示。从失效率曲线模式上可以判断水轮机为随机型故障类型（形状参数 $\beta>1$ ）。用两种拟合方法得到的失效率曲线趋势相同。

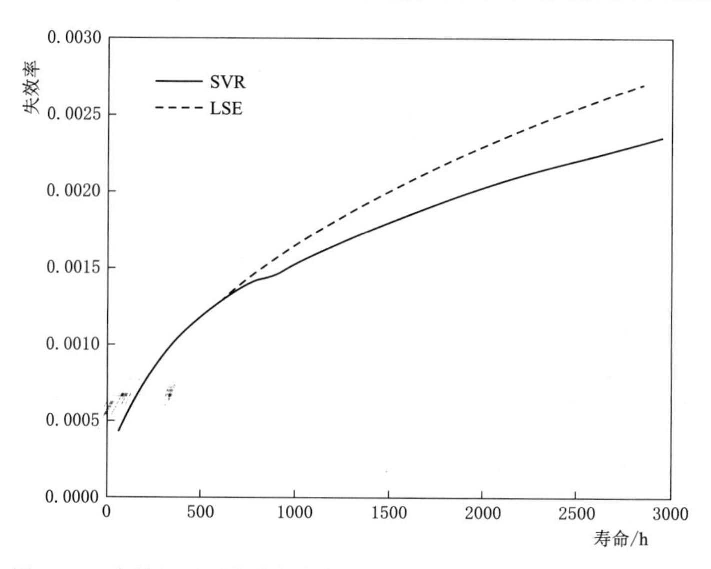

图 6-9　水轮机子系统全部数据 LSE 与 SVR 估计所得失效率曲线

2. 某风电场应用实例

以某风电场一期 33 台 1500kW 双馈异步式风力发电机组为例进行方法有效性验证。选取风轮系统的 176 次故障时间间隔样本数据进行线性化处理并计算所得 x 与 y 之间的相关系数 ρ ，结果如图 6-10 中散点所示。

$$\rho=\frac{\sum_{i=l}^{n}x_iy_i-n\overline{x}\cdot\overline{y}}{\left[\left(\sum_{i=l}^{n}x_i^2-n\overline{x}^2\right)\cdot\left(\sum_{i=l}^{n}y_i^2-n\overline{y}^2\right)\right]^{1/2}}=0.982\approx 1$$

根据计算结果可以得出，处理后的数据非常接近于线性关系。

分别对线性化后的风轮系统故障数据运用最小二乘参数估计法（LSE）及基于支持向量回归机的参数估计方法（SVR）进行拟合，结果如图 6-10 所示。将根据拟合曲线计算得到的威布尔分布形状参数和位置参数列于表 6-2 中，从 *NRMSE* 的值来看，SVR 的误差小于 LSE 的误差，说明 SVR 可以实现 LSE 的参数估计效果，并且得到优于 LSE 的效果。

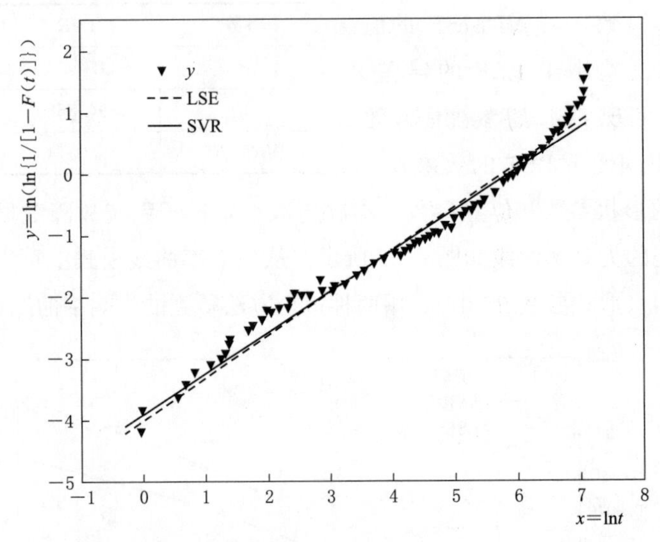

图 6-10　风轮系统全部数据线性化后 LSE 与 SVR 拟合结果

表 6-2　全部故障数据在两种方法下的估计结果比较

参数	LSE	SVR
β	0.6910	0.6691
η	336.1423	370.0640
NRMSE	0.0791	0.0770

根据识别的形状参数和位置参数，做出风轮系统的失效率曲线，如图 6-11 所示。从失效率曲线模式上可以判断风轮系统为早期故障类型（形状参数 $\beta<1$）。用两种拟合方法得到的失效率曲线趋势相同，但略有差别。

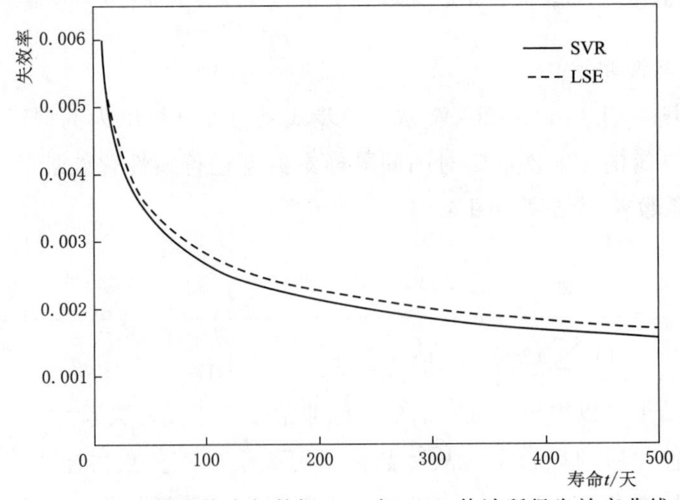

图 6-11　风轮系统全部数据 LSE 与 SVR 估计所得失效率曲线

6.3.5 样本量大小对参数估计精度的影响分析

1. 某水电站水力发电设备样本分析

为了观察投运时间长度对设备故障模式的影响，将灯泡贯流式机组水轮机子系统运行 5 年的数据分为 5 组，每组数据年内的数据，对各组故障数据分别使用 LSE 方法和 SVR 方法进行威布尔分布形状参数 β 和位置参数 η 参数估计，并计算均方根误差（*NRMSE*）。不同数据组两种方法下形状参数估计结果如图 6 - 12 所示，*NRMSE* 结果如图 6 - 13 所示。

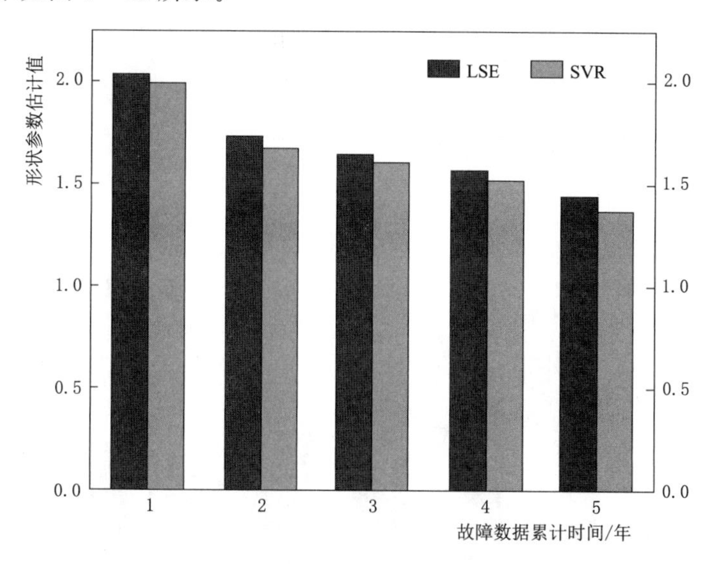

图 6 - 12　不同数据组两种方法下形状参数估计结果

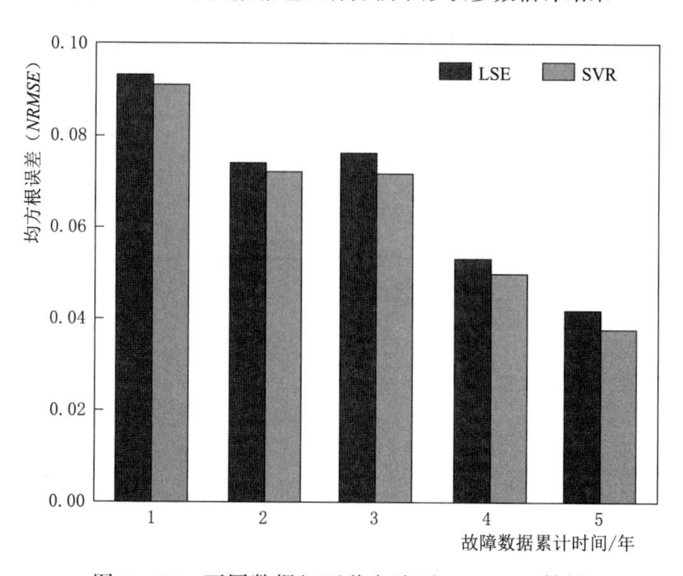

图 6 - 13　不同数据组两种方法下 *NRMSE* 结果

从图6-12可以看出，随着水轮机子系统运行时间的增加，积累的数据增多以后，威布尔分布形状参数估计值稳步下降，但是受到整体数据样本依然偏少的影响，两种拟合方法依然存在一定的差异。

从图6-13中可以看出，参数估计误差随着故障数据样本量的增大有逐步降低的趋势。从不同累计时间来看，SVR方法的参数估计误差普遍小于LSE方法的参数估计误差，说明相比于LSE方法，SVR方法普遍具有稍高的准确性。但是无论是样本量较多还是较少的时候，两方法的误差相差依然较大，但SVR方法的误差较LSE法低。

2. 风电发电设备样本分析

将风轮系统运行6年的故障数据分成6组，并计算均方根误差（*NRMSE*）。不同数据组两种方法下形状参数估计结果如图6-14所示，均方根误差如图6-15所示。

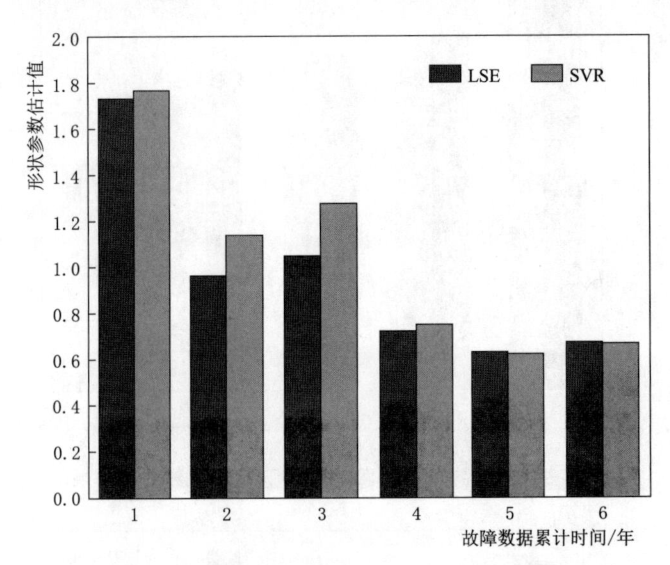

图6-14　不同数据组两种方法下形状参数估计结果

从图6-14中可以看出，在该批风力发电机组投运早期，风轮故障数据相对较少，威布尔分布形状参数的估计结果波动较大；随着运行时间的延长，故障数据不断积累，形状参数估计值逐渐稳定在0.6附近。两种拟合方法的估计结果也逐渐接近。

从图6-15中可以看出，参数估计误差随着故障数据样本量的增大有逐步降低的趋势。同时，从不同累计时间来看，SVR方法的参数估计误差普遍小于LSE方法的参数估计误差，说明相比于LSE方法，SVR方法普遍具有稍高的准确性。在样本量较少和较多的情况下，两种方法的参数估计误差非常相近，在样本量介于较少和较多之间时，参数估计误差会有较大区别。具体在样本量为多少时，两方法的误差相差较大，有待进一步研究。

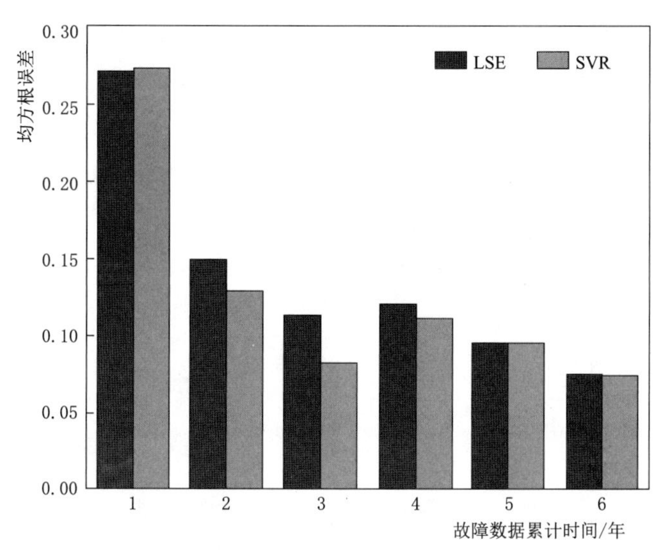

图 6-15 不同数据组两种方法下均方根误差

3. 应用案例对比分析

分别采用最小二乘法和支持向量回归机方法对某水电站灯泡贯流式机组轮机系统和某风电场风轮系统故障数据的威布尔分布参数进行估计。分析了投运时间（即累积故障样本数量）对估计结果的影响。结果表明两种方法的参数估计结果相近，所确定的子系统故障模式相同。但是支持向量回归机方法的参数估计精度较高。

6.4 发电设备可靠性分析实例

发电设备的可靠性指标计算结果分别有机组和子系统（或者子系统和部件）两个级别，以宏观和微观两个角度进行呈现。

6.4.1 灯泡贯流式机组宏观可靠性指标

某水电站灯泡贯流式机组平均故障间隔时间统计情况如图 6-16 所示。从图 6-16 可以看出某水电站灯泡贯流式机组在投运后的第二年出现较长的故障间隔时间，随着投运时间的增加，其平均故障间隔时间整体有缩短的趋势，说明机组故障率还是有一定增加的。

灯泡贯流式机组非计划停运发生率统计情况如图 6-17 所示。从图 6-17 可以看出，随着投运时间的增加，机组非计划停运发生率呈逐年下降趋势，同时结合机组整体平均故障间隔时间缩短这一现象，可以知道水电机组其大部分故障未造成机组非计划停机现象。

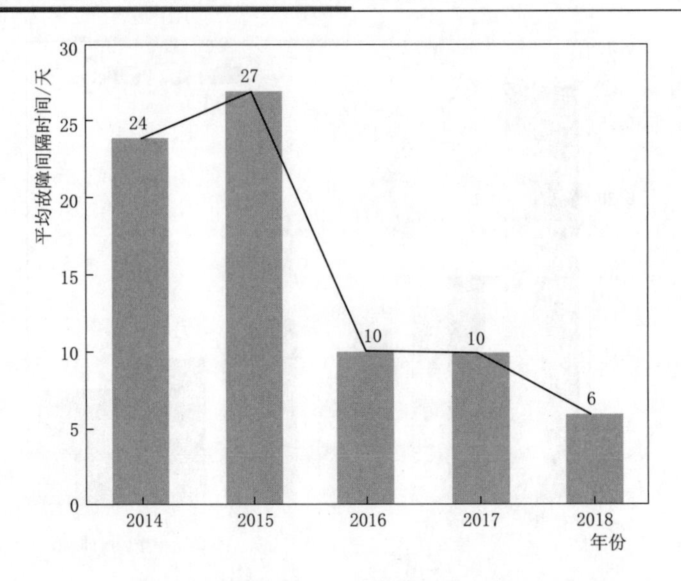

图6-16　灯泡贯流式机组平均故障间隔时间统计情况

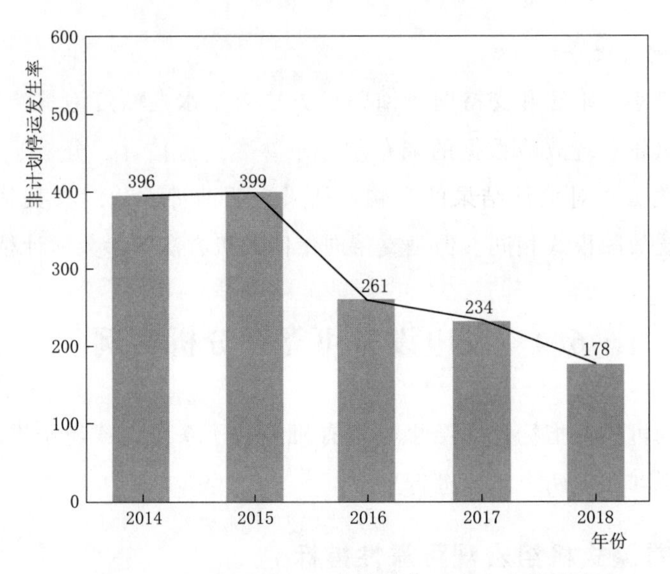

图6-17　灯泡贯流式机组非计划停运发生率统计情况

6.4.2　灯泡贯流式机组子系统级微观可靠性指标

某水电站灯泡贯流式机组各子系统级微观可靠性指标见表6-3。

表6-3　灯泡贯流式机组各子系统级微观可靠性指标

系统名称	系统故障次数	平均故障间隔/天	形状参数	尺度参数	$t(R=0.9)$	$t(R=0.5)$	$t(R=0.368)$
发电机	175	90.27429	1.489932	98.20038	21.685	76.786	98.179
气系统	91	174.6044	1.283536	185.0864	32.059	139.111	185.039

续表

系统名称	系统故障次数	平均故障间隔/天	形状参数	尺度参数	$t(R=0.9)$	$t(R=0.5)$	$t(R=0.368)$
水系统	167	94.97006	1.265947	101.1851	17.104	75.750	101.159
水轮机	264	62.84848	1.635584	71.80126	18.138	57.387	71.787
油系统	253	66.18182	1.475645	75.45515	16.421	58.860	75.438

从目前某水电站灯泡贯流式机组的实际故障数据分析得出，各主要子系统形状参数均符合 $\beta>1$ 的特性，即满足设备随机故障的特点，这为后期针对各子系统开展维修决策模型分析提供了重要的形状参数。

某水电站灯泡贯流式机组部分部件级微观可靠性指标见表 6-4。

表 6-4　灯泡贯流式机组部分部件级微观可靠性指标

系统名称	部件名称	部件故障次数	平均故障间隔时间/天	形状参数	尺度参数	$t(R=0.9)$	$t(R=0.5)$	$t(R=0.368)$
水轮机	弹簧连杆	24	296.5417	0.876214	282.2747	21.641	185.785	282.169
水轮机	导叶机构	22	405.2273	1.037657	404.8245	46.282	284.360	404.697
油系统	高顶油泵	10	462.3	1.540257	529.8244	122.917	417.628	529.712
气系统	空冷器	46	279.2826	1.087287	277.5983	35.039	198.162	277.515
水系统	冷却水泵	24	412.1667	1.467553	461.6161	99.616	359.599	461.513
水轮机	调速器回油箱	14	508.5714	1.007676	543.8468	58.291	378.020	543.670
水轮机	调速器油泵	16	635.375	1.012646	663.6234	71.913	462.099	663.409
油系统	油冷器	28	336.8571	1.003267	329.2689	34.947	228.504	329.161
油系统	轴承供油总管	13	547.9231	1.366548	611.742	117.867	467.831	611.595
油系统	轴承油泵	19	370	1.298447	419.0777	74.064	316.014	418.972
油系统	轴承油箱	48	254.9583	1.088693	253.6569	32.103	181.151	253.581
水系统	主轴密封水过滤器	54	162.2593	0.944722	153.6778	14.194	104.261	153.625

从表 6-4 可以看出，从目前某水电站灯泡贯流式机组实际故障数据分析得出，虽然从主要子系统可靠性指标分析数据来看，大部分形状参数均符合 $\beta>1$ 的特性，即满足设备随机故障的特点，但是具体针对各子系统内部的具体部件时，其微观可靠性指标分别对应于随机故障、早期故障情况，这一情况说明在对待灯泡贯流式水电机组系统维修决策和系统内部件维修决策中存在一定差别，需要考虑更多因素予以分析。

6.4.3 风力发电机组宏观可靠性指标

某风电场双馈机组平均无故障时间间隔如图 6-18 所示。从图 6-18 可以看出某风电场风力发电机组平均无故障间隔时间随着投运时间的增加而逐渐缩短，说明对于风力发电机组随着投运时间的增加，设备的故障率有一定增加。

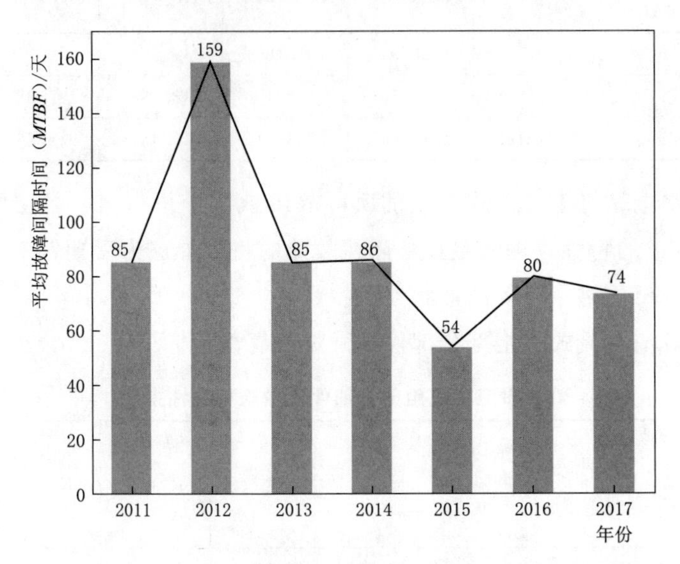

图 6-18　某风电场双馈机组平均无故障时间间隔

某风电场双馈机组可用系数如图 6-19 所示。

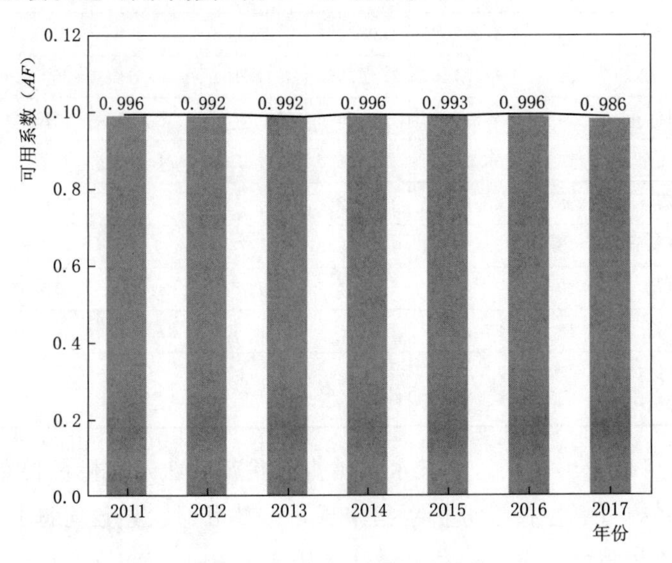

图 6-19　某风电场双馈机组可用系数

从图 6-19 可以看出某风电场风力发电机组整体可用系数保持在较高水平，但图 6-19 说明两个问题：一是由于风电场风力发电机组数量较多，单台设备的故障不可用对于整个风电场的影响较小，二是由于可用系数计算直接来源于风力发电机组厂家 SCADA 数据，通过与前项数据对比发现，反映设备厂家 SCADA 系统对风力发电机组故障情况统计还存在误差。

某风电场双馈机组非计划停运系数如图 6-20 所示。

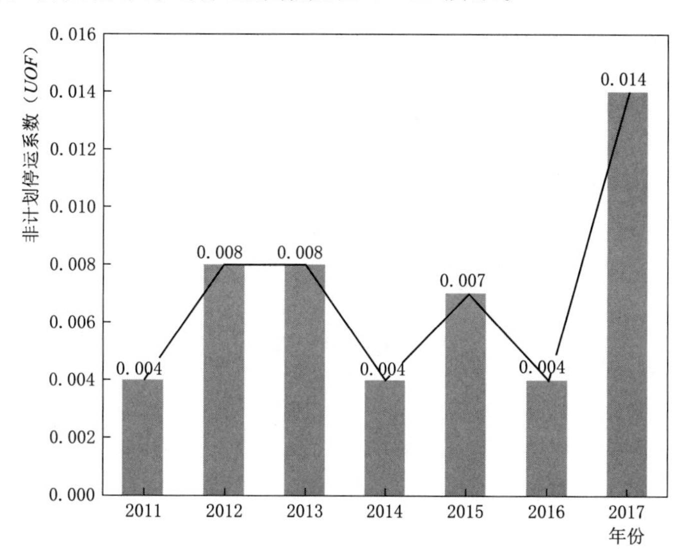

图 6-20　某风电场双馈机组非计划停运系数

某风电场双馈机组非计划停运发生率如图 6-21 所示。

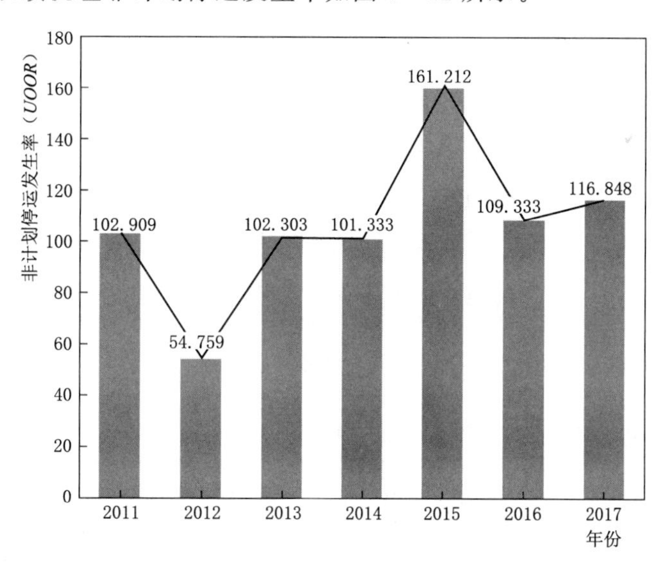

图 6-21　某风电场双馈机组非计划停运发生率

从图 6-20 和图 6-21 可以看出，某风电场非计划停运系数和非计划停运发生率变化情况未能明显呈现出与投运时间长短有关的趋势变化，但是通过将两图合并来看，风力发电机组非计划停运系数也未能和非计划停运发生率呈现明显的对应关系，因此通过对数据的分析发现，风力发电机组故障发生频率和故障造成的影响存在较大差异，有些故障虽然频繁发生，但是造成故障停机的时间较短，影响较小；而有些故障虽然发生频次较小，但是一次故障带来的停机影响较大，这些数据为下一步开展设备重要度评价分析和维修决策提供了很好的数据支撑。

6.4.4　风力发电机组子系统级微观可靠性指标

某风电场风力发电机组除未有统计数据的箱变系统外，其余各子系统级微观可靠性指标见表6-5。

表6-5　　风电机组其余子系统级微观可靠性指标

系统名称	系统故障次数	平均故障间隔时间/h	形状参数	尺度参数	$t(R=0.9)$ /h	$t(R=0.5)$ /h	$t(R=0.368)$ /h
主控系统	219.00	500.05	0.75	483.08	23.65	295.55	482.86
传动系统	117.00	665.90	0.82	772.61	49.23	493.41	772.30
偏航系统	64.00	1033.79	0.69	1089.62	42.22	641.72	1089.11
发电机系统	478.00	327.96	0.66	271.88	8.85	155.64	271.75
变频器系统	301.00	297.96	0.62	223.57	5.81	123.37	223.45
机舱塔筒系统	43.00	683.32	0.69	821.24	31.33	482.44	820.85
变桨系统	165.00	584.29	0.81	618.63	38.77	394.02	618.38
液压系统	55.00	872.46	1.03	1016.15	115.08	712.67	1015.82
风轮系统	437.00	324.90	0.73	305.55	13.99	184.91	305.42
保护系统	99.00	640.60	0.72	604.47	26.44	363.10	604.20

从表6-5可以看出风力发电机组除液压系统及线路系统外，从目前某风电场的实际故障数据分析得出，其余主要子系统形状参数均符合$\beta<0.9$的特性，即满足设备早期故障的特点，这为后期针对各子系统开展维修决策模型分析提供了重要的形状参数。

6.4.5　风力发电机组部件微观可靠性指标

某风力发电机组子系统级微观可靠性指标见表6-6。

表6-6　　某风力发电机组子系统级微观可靠性指标

部件名称	部件故障次数	平均故障间隔时间/天	形状参数	尺度参数	$t(R=0.9)$ /h	$t(R=0.5)$ /h	$t(R=0.368)$ /h
Crowbar	30	613.512	0.687	559.507	21.097	328.057	559.240
保险（125A）	39	939.469	0.887	1113.068	87.959	736.210	1112.657
保险（350A）	96	608.398	0.850	630.796	44.620	409.762	630.553
保险（8A）	40	838.220	0.560	994.406	17.938	517.078	993.825
变频器	48	872.142	0.503	844.227	9.663	407.640	843.677

续表

部件名称	部件故障次数	平均故障间隔时间/天	形状参数	尺度参数	$t(R=0.9)$ /h	$t(R=0.5)$ /h	$t(R=0.368)$ /h
变频器检测板（机侧）	6	805.038	0.534	1118.060	16.553	562.967	1117.374
变频器检测板（网侧）	4	1259.163	4.425	1377.491	828.396	1268.000	1377.389
变频器驱动板（网侧）	2	898.479	0.702	1147.619	46.414	680.609	1147.084
变频器通信板（机侧）	3	1013.389	0.409	1281.366	5.254	523.456	1280.341
变频器通信板（网侧）	2	843.865	3.053	950.113	454.616	842.628	950.011
定子接触器	6	492.944	0.327	482.798	0.495	157.368	482.314
滤波电阻	39	977.495	0.928	1192.285	105.607	803.398	1191.864
水管（变频器系统）	8	720.600	0.381	823.732	2.241	314.762	823.024
网侧接触器	6	670.936	1.609	789.944	194.991	628.986	789.783
线路（变频器系统）	20	1046.744	0.743	1486.726	72.048	908.079	1486.071
预充电整流器	8	732.965	1.600	837.267	205.155	665.866	837.095
刹车片（高速轴）	29	579.345	2.033	720.394	238.144	601.553	720.277
刹车片磨损检测传感器	3	649.708	1.214	800.383	125.336	591.770	800.167
齿轮箱	5	841.232	0.343	619.810	0.879	212.984	619.218
齿轮箱端盖	1	803.382					
润滑油（传动系统）	27	836.472	0.522	986.191	13.213	488.558	985.572
温控阀	24	846.602	1.289	922.488	160.911	694.138	922.253
线路（传动系统）	11	1136.235	0.498	1945.171	21.199	931.764	1943.891

从表6-6可以看出，从目前某风电场的实际故障数据分析得出，虽然从主要部件可靠性指标分析数据来看，风力发电机组除液压系统及线路系统外，其余形状参数均符合 $\beta<0.9$ 的特性，即满足设备早期故障的特点，但是针对各设备子系统内部的具体部件，其微观可靠性指标分别对应于明显损耗、一定损耗、随机故障、早期故障情况，这一情况说明在对待风力发电机组系统维修决策和系统内部件维修决策中将出现较大差异，需要考虑更多因素并予以分析。

第7章 以可靠性为中心的维修管理体系

构建以可靠性为中心的维修管理体系是实施RCM的核心前提和基础性配套建设，不仅为RCM的执行提供一套标准化的流程和明确的操作指导，同时也是一种以预防为先、系统性分析和持续优化为核心的组织文化，还是确保RCM策略得以有效部署和贯彻实施的关键。管理体系涵盖从维修策略的制定、员工的专业培训、维修活动的规范化管理，到数据的系统收集与深入分析等全方位环节。这一体系的存在，使得RCM的实践成为组织内部广泛认同和积极参与的一部分，极大地提升设备可靠性和维护效率，同时降低了长期的运营成本。以可靠性为中心的维修管理体系是实现RCM目标的基石，对于提高组织的竞争力和市场适应性具有决定性意义。

7.1 设计目标与原则

7.1.1 水电站设备维修管理体系共性问题分析

7.1.1.1 维修计划问题

水电站的设备维修计划通常包括日常维修和定期维修，覆盖了厂家要求和上级公司规范标准，是发电行业使用得比较多的设备维修计划方式。但由于水电机组运行方式的特殊性以及部分地区电网调峰的情况，导致现有的设备维修计划存在以下问题：

一是维修计划针对性不强。厂家提供的设备维修要求，主要是根据设备设计、制造和特定运行情况等条件制定的。然而实际情况是，即便是相同型号的机组，在不同的流域和运行环境下，其工作状态和负荷特性也可能大相径庭。特别是在新能源逐渐承担起电网调峰任务的背景下，各机组所承担的运行任务也随之变化，这导致某些设备在实际运行中的状态切换变得异常频繁，进而可能缩短了设备的使用寿命。此外，现行的检查和维修周期可能与设备设计时的运行工况存在较大差异，使得原有的维修计划无法满足实际需要。因此，过分依赖制造商提供的通用维修要求，可能无法有效应对特定水电站的实际维修需求，需要根据具体的运行情况和设备状态，制订更为精准和个性化的维修计划。

二是维修计划调整性差。随着技术水平的发展，水轮发电机组集成化精细化程度越来越高，对维修工艺和备件质量提出了更高的要求，这直接导致了维修成本居高不下。因此，对维修计划审批和费用控制也提出了更高的要求。以某试点电厂为例，该电厂每年的维修计划需要在11月底前完成次年的审批流程，一旦确定，后续的任何调整都需要经过从公司到集团主管部门的复杂上报流程。这种严格的计划审批制度虽然有助于确保维修工作的有序性和成本控制，但也带来了一个问题：当面临突发的设备故障或维修需求时，现有的维修计划可能无法及时作出调整，导致必要的维修工作被迫延后。这种情况不仅影响了设备的运行效率和可靠性，也增加了因设备故障导致的潜在风险。

7.1.1.2 维修组织问题

一是水电站的日常管理朝着运维一体化、无人值班少人值守、关闭电厂等方向发展，对人员素质的要求也在日益提高，也导致了部门职责过于集中，监督机制不足。例如，在部分电厂中运行维护部作为负责设备日常管理和维修工作的核心部门，汇集了公司几乎所有的技术管理资源。该部门不仅包括负责日常运行的运维人员，还涵盖了执行设备巡检任务的点检人员。这种集中化的职责分配，虽然在一定程度上提高了运行效率，但也带来了潜在的风险。由于运行维护部同时承担着维修单位的管理和三级验收体系中的第二、三级验收任务，实际上使得该部门在维修工作中既是执行者又是评判者。这种自我监督的模式可能导致维修工作的标准执行、质量控制和效果评估缺乏必要的客观性和公正性。缺乏独立且有效的监督机制，可能会影响维修工作的整体质量和效率，增加设备故障的风险，甚至可能对公司的长期运营和安全造成不利影响。

二是部分电厂定员数量不足，日常维护和定期维修工作需采用外包制度，两项工作存在重叠，施工组织、工作管理存在一定难度。一些日常维修项目由于机组停运时间和维修技术要求的限制，未能在日常维修中得到及时有效的处理。这种情况在定期维修期间变得尤为明显，这些未解决的项目虽被纳入处理清单，但日常维护单位与定期维修单位之间却经常出现责任推诿的现象，降低了管理效率，严重阻碍了维修工作的顺畅进行。

7.1.1.3 维修制度依据及管理问题

一是维修制度老化，无法切实指导工作开展。随着大部分电厂运行投产年限的增加，虽然开展了多次设备维修工作，在每次维修工作完成后也进行了维修总结和问题分析，但大部分电厂并未深入挖掘制度存在的问题，并未对维修相关制度进行修编，导致制度无法切实指导维修工作。这种情况导致维修制度无法跟上设备技术的发展和实际工作的需求，无法为维修工作提供有效的指导和支持。

二是维修管理体系存在缺陷。尽管大部分水电厂成立了以生产副总经理为组长的领导小组，负责全面领导和协调设备的定期维修工作，但这一领导架构存在明显的管理盲点。领导小组成员主要由正式员工组成，而负责日常维修任务的第三方维保单位的项目经理等关键管理人员并未被纳入，这在一定程度上加剧了日常维保单位与维修单位之间的责任推诿现象，影响了设备维修工作的连续性和有效性。此外，现行的管理制度在激励机制方面也显得不足。大多数公司制度仅着重于对因人为原因造成设备损坏的惩罚措施，而缺乏对日常维修或定期维修工作中表现出色的团队或个人的激励措施。这种单向的管理策略可能会降低维修团队的积极性和创新性，影响维修工作的质量和效率。

7.1.2　水电维修管理体系优化设计

7.1.2.1　设计目标

开展维修管理体系的优化，首先要确定优化的目标。根据分析存在的问题，制定如下3个优化方向：

（1）维修管理组织和领导体系方面：引入先进的设备维修理论，将RCM与其他生产管理理论结合，优化人员配置，确保关键岗位有足够的专业人才，同时建立跨部门的协调机制，确保维修工作的各个环节都能够紧密衔接，形成一个高效的工作流程。

（2）维修计划制定管理方面：结合FMEA与状态评价，对设备运行状态实行评价分级，并根据不同的设备状态选定不同维修策略，避免出现过度维修或者欠检修等情况。

（3）维修过程管控方面：由于维修任务的高度集中和强烈的计划性，管理人员在对设备磨损和预期寿命的评估上存在不精确性。将点检管理机制与RCM相结合，确保设备长期稳定运行的同时，实现成本效益的最大化。

7.1.2.2　优化原则

1. 安全性原则

在优化设备维修管理体系的过程中，必须坚持将安全性原则作为核心，确立“安全第一，预防为主，综合治理”的工作方针。在维修策略的制定和实施中，始终要把确保设备安全运行和降低故障率放在首位，强化风险评估、安全培训、预防性维修措施，完善应急响应计划，确保在发生故障时能够迅速有效地采取措施，保障人员安全和减少经济损失。

2. 总分原则

设备维修管理体系的优化是一个全面且复杂的过程，它需要综合考虑管理人员的专业水平、维修技术人员的能力以及跨部门间的协作效率等多方面因素。在制定优化策略时，重要的是要有一个全面总体的规划，同时在实施过程中采取循序渐进、分步实施的方法，先从容易操作的环节开始，逐步深入到更复杂的环节。这种方法有助于确保优化措施的实际可行性，并能够有效地避免因措施不当而导致的实施难题，最终达到既定的优化目标。

3. 全员参与原则

在对设备维修管理体系进行优化的过程中，强调的是“全员参与原则”。这不仅关乎组织架构的调整和领导体系的优化，而且要求公司上下，从高层领导到中层管理人员，再到一线员工，以及第三方维保单位的每一位成员，都需共同努力，积极参与。维修管理计划的优化需要一线员工和维保单位在日常运维中严格执行新的巡视和记录标准，这有助于技术管理人员更准确地分析设备状态，进而制定出更具针对性的维修计划。确保优化措施得到有效执行，要求公司各级员工明确自己的职责，并在各自的岗位上发挥应有的作用。只有通过全员的共同努力，设备维修管理体系的优化才能取得实质性的成效。

7.2　基于 RCM 的水电机组全寿命周期维修管理

RCM 是一种系统性的维修管理方法，通过对设备故障模式、后果和探测性的分析，确定最佳的维修策略和周期，在设备的全寿命周期内充分考虑经济性、可靠性、安全性和环保性，是一种综合全面、实用合理、贯穿设备全生命周期的设备管理方法。将 RCM 方法与设备全寿命周期管理相结合，在设备设计、制造、安装、运行和维护等各个阶段发挥作用，有助于降低设备故障率、提高可用性、延长使用寿命、优化维护策略和降低维护成本。国家能源局在组织第二批 RCM 试点工作时将全寿命周期管理与 RCM 的结合作为试点项目，中国大唐集团以基于 RCM 的水电机组全寿命周期管理为题展开了探索，为水电行业提供了珍贵的实践案例。

7.2.1　全寿命周期管理

全寿命周期管理理论是在 20 世纪 60 年代末由美国国防部提出并使用的。全寿命周期管理的理论依据主要来自设备的经济性、可靠性以及系统管理理论等多个方面。首先，全寿命周期管理最早是从产品经济性的角度提出的。在工程的整个寿命期内，都需要做出经济预算和比较，这种理念强调了在整个产品生命周期内，从规划、设计、制造、运行、维护到报废处置等各个阶段，都需要进行经济性的分析和优化，以实现全寿命周期成本的最小化，在这一点上，与 RCM 的理念“以最小的代价满足设备运行的需要”不谋而合。其次，可靠性也是全寿命周期管理的重要理论依据。可靠性关注产品的可靠性、维修性和安全性，强调在产品设计、制造和使用过程中，要充分考虑产品的可靠性和耐久性，通过预防性维护和故障预测，提高产品的使用效能和寿命，这一方面与 RCM 追求的可靠性殊途同归。此外，系统管理理论也为全寿命周期管理提供了支持。系统管理理论强调将产品或设备视为一个系统，从整体上考虑其运行和维护。通过系统性的管理，可以确保产品或设备在整个寿命周期内都能够保持最佳的运行状态，从而提高其使用效益，RCM 中的 FMEA 分析，即设备总体—部件故障模式分析再综合评估管理的方法，同样与全寿命周期的思想契合。总体而言，全寿命周期管理与 RCM 在理论和实践上有许多共同之处，将两者结合起来，将助力设备的运行管理水平提升，以下为两者之间的主要共同点。

1. 强调可靠性

全寿命周期管理在产品的整个生命周期内，都注重确保产品或设备的可靠性，从规划、设计、制造到运行、维护，每一阶段都以实现高可靠性为目标。RCM 同样强调设备的可靠性，它主张通过预防式养护来减少设备的大、中修，确保设备在整个使用过程中的动力性、经济性和安全性。在设备的全寿命周期中常用可靠性函数来描述设备在某段时间内不发生故障的概率。常见的可靠性模型如指数模型、威布尔模型等都有其对应的可靠性函数。在 RCM 中，也常有此类公式评估设备各部件的可靠性，并根据评估结果调整维护策略，如更换易损件、调整检查间隔等。

2. 预防性维护

全寿命周期管理倡导在设备的运行阶段设定相关参数以保证运行的可靠性，并加强对日常清扫和保养工作的管理，这是一种预防性的维护策略。RCM 理论的核心是预防式养护，通过技术和服务的改进，减少设备的故障，实现预防性的维护。全寿命周期常用故障率函数描述设备在特定时间点的故障率。对于某些设备，其故障率可能随时间变化，通常使用浴盆曲线来描述，而故障率函数、浴盆曲线是 RCM 基本理论的支撑，根据预测的故障率，可以制定有针对性的预防维护措施，如在故障率上升前进行检修或更换部件。

3. 系统化管理

全寿命周期管理把设备视为一个系统，从整体上进行管理，确保系统在整个寿命周期内的最佳运行。RCM 理论也强调对设备或系统进行全面的分析和评估，找出影响可靠性的关键因素，并制定相应的维护策略。

4. 成本控制

全寿命周期管理追求的是全寿命周期成本的最小化，即在保证设备性能的同时，尽可能降低整个寿命周期内的成本。RCM通过预防式养护，减少了设备的大、中修，从而在一定程度上降低了维护成本。例如，全寿命周期成本（life cycle cost，LCC）可以表示为

$$LCC = IC + MC + FC \tag{7-1}$$

式中　IC——初始投资成本；

MC——维护成本；

FC——最终处置成本。

在RCM中，可以通过比较不同维护策略下的LCC，选择成本效益最高的策略。例如，虽然某些预防性维护措施可能增加了短期成本，但长期来看可能减少了故障导致的停机损失和维修成本，从而可实现总成本的优化。

7.2.2　基于RCM的全寿命周期管理应用

全寿命周期管理与RCM在强调可靠性、预防性维护、系统化管理以及成本控制等方面都有显著的契合之处。两者都致力于提高设备的可靠性，降低维护成本，实现设备的长期稳定运行。

2023年3月至2024年7月，中国大唐集团以水轮发电机组为研究对象，开展了将RCM方法有效运用于设备的全寿命周期管理之中的探索，旨在通过系统运用RCM的核心理念和技术手段，在设备的各个寿命周期阶段提升机组的可靠性和经济性。从机组的规划与设计阶段开始，充分考虑其功能和性能需求，进行故障模式与影响分析，确保设计方案的可靠性；在制造与安装阶段，借助RCM方法，严格把控关键部件的制造质量和安装精度，确保机组在投入运行前达到最佳状态；运行与维护阶段，运用RCM进行故障预警和预防性维护，减少非计划停机时间，提高机组运行效率；当机组进入技术改造与升级等阶段，运用RCM进行评估和处理，确保技改等过程的安全环保。同时，注重全寿命周期数据的收集与分析，为机组的持续改进和优化提供有力支持。通过这一系列的RCM应用，期望实现对水轮发电机组的全面、精细化管理，推动设备管理的创新与发展。下面就每一阶段的探索进行详细阐述。

7.2.2.1　规划与设计阶段

在机组的规划与设计阶段，引入RCM方法，旨在从源头上提高设备的可靠性和性能，为机组在全寿命周期内的稳定运行奠定坚实基础。

首先，通过RCM的功能分析，深入剖析水轮发电机组的核心功能需求，包括发电效率、运行稳定性、安全可靠性等多个方面。基于这些功能需求，设定明确的设

计目标，并细化到机组的各个子系统和关键部件。这一过程中，RCM 方法有助于识别出潜在的功能缺陷和性能瓶颈，为优化设计方案提供有力支撑。

其次，运用 RCM 的故障模式与影响分析（FMEA）方法，对水轮发电机组的潜在故障模式进行全面梳理。通过分析每种故障模式的发生原因、影响程度以及发生概率，识别出对机组可靠性和性能影响最大的关键故障。在此基础上，制定针对性的预防措施和应对策略，将故障风险降至最低。

最后，在规划与设计阶段的后期，还需要进行机组的初步试验和验证。通过模拟实际运行环境和工况，检验机组的设计性能和可靠性是否达到预期目标。这一过程中，RCM 方法同样发挥着重要作用。利用故障数据和运行数据对机组进行实时分析和评估，及时发现并解决潜在问题，确保机组在投入运行前达到最佳状态。

在本次试点中，将 RCM 方法运用在水轮发电机组功能分析、故障影响分析、维护策略选择等方面，确保设备从规划与设计阶段就具备最佳性能和可靠性，为后续的运营和维护提供良好的基础。通过开展设备的 FMEA 分析，统计目前某电站投产以来的机组运行缺陷，对设计造成的缺陷进行了梳理，并计划将其引入到新机组的招标设计文件中及后续机组的改造之中，最终排查出 82 项可在规划设计阶段优化的项目（表 7-1），为今后的机组提供参考。

表 7-1　　试点电厂现存问题及反馈至规划与设计阶段项目

<table>
<tr><th>序号</th><th>部　件</th><th>问　　题</th><th>建　　议</th></tr>
<tr><td>1</td><td>尾水管拦污栅</td><td>拦污栅锈蚀、栅体立筋较细</td><td>安装前修复，更换立筋较粗的栅体</td></tr>
<tr><td rowspan="2">2</td><td rowspan="4">底环</td><td>座环上、下环高程面未加工</td><td rowspan="2">安装期处理</td></tr>
<tr><td>座环与顶盖、座环与底环连接螺栓未钻孔、攻丝</td></tr>
<tr><td>3</td><td>底环导叶端面密封易空蚀，不易拆除</td><td>建议底环端面密封外压板设计为分块式，便于导叶端面密封拆除</td></tr>
<tr><td>4</td><td>底环导叶端面密封在两导叶关闭处空蚀严重</td><td>优化设计</td></tr>
<tr><td>6</td><td rowspan="2">转轮</td><td>转轮出水边近下环约 1m 处易空蚀</td><td>优化设计，或出厂时喷涂抗空蚀材料</td></tr>
<tr><td>7</td><td>转轮出水边下环 R 角处易空蚀</td><td>优化设计，或出厂时喷涂抗空蚀材料</td></tr>
<tr><td>8</td><td rowspan="4">顶盖</td><td>顶盖导叶端面密封易空蚀，不易拆除</td><td>建议顶盖端面密封外压板设计为分块式，便于导叶端面密封拆除</td></tr>
<tr><td>9</td><td>顶盖导叶端面密封在两导叶关闭处空蚀严重</td><td>优化设计</td></tr>
<tr><td>10</td><td>个别机组顶盖导叶中部轴领上部密封渗水，不易更换</td><td>建议优化设计，如改为斜口搭接式，渗水时易更换</td></tr>
<tr><td>11</td><td>个别机组顶盖导叶中部轴领（上部）密封压板锈蚀</td><td>优化选材，材料应设计为锈钢压板</td></tr>
</table>

续表

序号	部　件	问　　题	建　　议
12	顶盖	顶盖过流面近顶盖泄压管处存在严重空蚀	优化设计，或出厂时喷涂抗空蚀材料，或在空蚀区堆焊不锈钢层
13		顶盖导叶中部套筒壁存在周向裂纹	建议优化设计 制造时严格执行工艺和验收要求，提高检测标准，加强监造
14	水导轴承	水导瓦及油温传感器引线在油槽穿孔处易渗油	优化连接方式
15		水导油槽除油混水外无其他油样在线报警	增加其他油样在线报警或检测装置
16		油盆底渗油	优化设计，或增设多道密封槽和密封（径向和平面各设密封槽）
17		顶盖组合渗油	优化设计或增设多道密封槽和密封
18		水导瓦瓦背支撑块存在下垂	在支撑块下部设置可调支撑柱
19	主轴密封	主轴密封供水总阀为电动蝶阀，存在关闭不严、停机后误报警现象	优化阀门选型
20		外部供水支管与集水箱连接螺栓处易渗水	优化设计
21		浮动环防转销易落、锈蚀	优化设计，采用不锈钢材料
22		浮动环与支座径向密封易破损漏水，运行后浮动量较小或不均	在支座与浮动环密封连接处，堆焊不锈钢材料
23	检修密封	检修密封块对接困难	优化设计
24		检修密封更换后，外接管路与密封接头连接困难	优化设计
25	导叶机械传动装置	控制环、接力器传动杆的锁定板防转销易断裂，传动杆杆头销易转动	优化设计
26	接力器	接力器锁定缸发生裂纹	制造时严格执行工艺和验收要求，提高检测标准，加强监造
27		接力器内壁发生线性缺陷	制造时严格执行工艺和验收要求，提高检测标准，加强监造
28		接力器缸前端盖法兰与缸体焊缝发生多处裂纹	制造时严格执行工艺和验收要求，提高检测标准，加强监造
29		接力器前端盖活塞杆密封经常性渗油，密封更换困难	优化设计，密封宜采用分半式
30		接力器运行后有下垂现象	优化设计，在接力器前端底部设计固定支撑
31		接力器前端盖活塞杆密封渗油油脂污染调速器回油箱	优化漏油管路设计，避免污油回流至集油箱
32		接力器自动锁锭缸密封易漏油、锁锭缸活塞杆易变形	优化密封结构设计，提高所供密封、活塞杆质量

续表

序号	部　件	问　　题	建　　议
33	水导外循环装置	冷却器铜管易磨损	在保证冷却效率前提下，宜采用不锈钢材质冷却管
34	顶盖排水装置	长时间停运后卡阻	优化设计
35	水发连轴装置	检修时，水、发端轴定位困难	应设计并提供调整中心、方位用的专用工具，如假轴（导轴、定位螺栓）或中心及方向调整工具等
36		水发连轴螺栓安装、拆除时，拉伸器安装、移动困难	应设计并优化拉伸器、移动辅助工具等
37	机罩	顶罩未设计检修围栏	顶罩上设计检修围栏接口，厂家供货，设备应满足安规要求
38		顶罩无检修上、下爬梯	厂家设计、提供顶罩检修上、下爬梯（移动式），并满足安规要求
39		顶罩内齿盘测速支架为焊接式，检修大轴补气阀需破拆	改为可拆式支架
40	上机架盖板	发电机预防性试验时需打开盖板	出厂前，在定子线棒中心点第一分支上部对应上机架盖板上预留试验口，并配小盖板
41		上机架盖板与盖板间密封条不易更换	应设计成在不吊盖时便可更换密封条
42	上机架本体	上机架径向定位键在大修时不易拆除	应设计成径向定位键在大修时易拆除，或提供专用工具
43		上导油槽油位计观察不方便，取油样阀设计位置不合理	设计应考虑方便运维人员定期检查为宜
44		上机架与定子机座连接方式为焊接，大修吊出需刨除焊缝	在不影响安全稳定前提下，优化连接方式，方便检修，提高检修工作效率，节约检修工期
45		上机架钢性不足	瓦间隙调整后因支架钢性不足导致机组运行两三年后瓦间隙变化较大
46		油盆底渗油	优化设计，或增设多道密封槽和密封
47	上导轴承	上导瓦为固定键式，间隙调整不便、调整工期长	优化为球面支柱、可调节式结构
48		上导瓦拆除、安装不便	可否在顶罩内设计环形吊车
49		上导油槽除油混水外无其他油样在线报警	增加其他油样在线报警或检测装置
50		上导瓦及油温传感器引线在油槽穿孔处易渗油	优化连接方式
51		上导内置冷却器组合面处接油水口四通管及四通座安装、焊接困难	优化连接方式，方便安装、检修

续表

序号	部件	问题	建议
52	上端轴	调整中心不便	在转子上部增设调整座
53	转子	转子磁轭为单片叠片整体把合式，安装工期长，预紧螺栓繁杂	宜设计分段整体式，减少相应工作量
54		转子磁极键为单片把合的键条键，机组过速时曾发生键片把合螺栓断裂、键片散落现象	应设计两块配合、单块为整块的楔键
55		转子安装与检修时，与上、下端轴定位困难	应设计并提供调整中心、方位用的专用工具，如假轴（导轴、定位螺栓）或中心及方向调整工具等
56		转子上端处的上导冷却水管路有橡胶球形弹性连接，老化渗水对定、转子产生安全影响	橡胶球形弹性连接应设置在外部
57		转子中心体进出不便	优化设计
58	定子	定子铁芯拉杆检修时曾发现松动。定子铁芯拉杆采用碟形装置，长时间运行后预紧力不足	优化设计
59		定子机座振动超标，定子圆度超标	优化设计
60		定子测温传感器维护不便	优化设计，实现损坏时能在C修中更换
61		定子机座与基础板曾有螺栓松动，安装时有断裂现象	优化螺栓直径，核算螺栓预力
62	下机架	下机架未设置吊耳	出厂时设计、安装吊耳：应按下机架本体、推力轴承、制动器总重核算、设计、制造、预装吊耳
63		下机架上层盖板人孔处爬梯上、下不便	优化设计
64		下机架下层盖板多有孔洞	下机架下层盖板应轻便，便于拆装，宜采用格栅式结构
65		下机架机座与基础板曾有螺栓松动	优化螺栓直径，核算螺栓预紧力
66		下机架其他问题参考上机架	参照上机架
67	推力轴承	推力瓦C修时检测不便，只能抽出1/3	优化设计，提供专用工具
68		推力油盆分瓣面、油盆与下机座组合面渗油	优化设计
69		测温电阻穿孔处渗油	优化设计
70		推力瓦温度较高	优化设计，提高推力却器冷却功率和热交换率

续表

序号	部　件	问　　题	建　　议
71	推力头	推力头与镜板处无密封，导致推力头与转子连接处渗油	在相应部分增设密封槽和密封
72	下导轴承	参考上导轴承相关问题	参考上导轴承相关建议
73	制动系统	制动器偶有卡阻，密封使用年限较短（5～6 年）	优化设计
74		制动器外接油、气管为钢性连接	宜采用高压软管连接
75		制动器外围管路在每个制动器入口处无阀闸门，不便于维护和排查故障	制动器外围气管路在每个制动器入口处增设阀门
76		制动器闸板与闸座连接螺栓设计不合理	螺栓拆装不便且易滑牙
77		制动器闸板与闸座连接方式不合理	优化设计
78	吸油雾系统	设计不合理，风洞油雾较大	优化设计
79	发电机通风系统	风洞内温度较高	优化风道、改善风路，合理分配风量，提高定子冷却器冷却功率和热交换率
80	高压减载系统	高压减载油泵出口管路为钢性连接，检修、维护不便	优化设计，且部分采用高压软管连接
81	高压减载系统	高压减载油泵联轴器观察孔设计不合理，在底部	观察孔应设计在上部
82		高压减载油泵位置设计不合理，更换困难	优化设计

7.2.2.2　制造与安装阶段

制造与安装阶段是水轮发电机组从设计走向实际运行的关键过渡阶段，其质量的好坏直接关系到机组未来的运行性能和寿命。在这一阶段，RCM 方法的运用显得尤为重要，它能确保机组在制造和安装过程中的精细化和高质量，为机组的安全稳定运行奠定坚实基础。

在制造阶段，RCM 方法的应用主要体现在对关键部件和制造工艺的严格把控上。首先，通过 RCM 的功能分析和 FMEA，明确关键部件的性能要求和可靠性指标。接着，针对这些要求和指标，制定详细的制造工艺和质量控制标准。在制造过程中，严格遵循标准，确保每一个部件的制造精度和质量都符合设计要求。

在安装阶段，RCM 方法的应用同样发挥着重要作用。根据机组的设计要求和安装规范，制定详细的安装流程和操作指南。在安装过程中，严格按照这些流程和指南进行操作，确保每一个安装步骤都符合设计要求。同时，还注重安装过程中的质量控制和监控，对关键安装节点进行重点检查和测试，确保安装质量的可靠性和稳定性。因此，某电厂根据多年运行及检修经验，对水轮发电机组的制造与安装阶段制定了 32 项严格的设计要求和安装规范，以确保机组的高质量和可靠性。相关设计要求和安装规范的制定，不仅体现了试点电厂对混流式水轮发电机组制造与安装阶段的高度重视，也为机组的全寿命周期管理奠定了坚实基础。严格执行这些要求和规范，能够确保机组在制造和安装阶段的质量可控、性能可靠，为后续的运行与维护阶段提供有力保障。

与此同时，该电厂通过RCM和FMEA排查出现在运机组共30项在制造与安装阶段的故障模式（表7－2），指明了将来设备制造与安装的改进方向。

表7－2　　制造与安装阶段的故障模式

序号	部　件	问　　题	建　　议
1	尾水管检修闸门	尾水管检修闸门上游面自下往上，第一节与第二节闸门之间、中间段水封轻微渗水，闸门每节水封压板锈蚀	安装前修复
2		检修门压板有轻微锈蚀；水封有两处轻微渗水；一处渗漏量约为1L/s，另一处渗漏量约为2L/s，外观目测整体较好	安装前修复
3	尾水管及尾水流道	尾水管第十节至第十三节尾水管（拐弯处至尾水盘型阀拦污栅段）本体腐蚀	安装前修复
4		尾水管焊缝腐蚀（焊缝两边大概300mm）	安装前修复
5		流道顶部混凝土接头缝隙轻微渗水	安装前修复
6		尾水管第二节至第三节，第四节至第五节右侧腐蚀较严重	安装前修复
7	尾水管拦污栅	拦污栅锈蚀、栅体立筋较细	安装前修复，更换立筋较粗的栅体
8		尾水管内排水管堵头未拆除	安装时割除
9	压力钢管	压力钢管及蜗壳每节焊缝及周围约400mm锈蚀，局部有轻微锈蚀	安装前修复
10		压力钢管混凝土结构表面有轻微水渍结垢	安装前修复
11		压力钢管底部大面积有轻微锈蚀	安装前修复
12	座环	座环上、下环锈蚀	安装前修复
13	底环	机座环上、下环高程面未加工 座环与顶盖、座环与底环连接螺栓未钻孔、攻丝	安装期处理
14	活动导叶	活动导叶关闭位置调整困难	活动导叶制造厂内预装合格后，标记关闭位置
15		活动导叶由于重量偏心，拆装困难	制造厂家标明重心位置，设计重心位置处吊装工具

续表

序号	部件	问题	建议
16	转轮	转轮叶片出水边中部发生约800mm贯穿性裂纹	优化设计，制造时严格验收，提高检测标准，加强监造
17	转轮	转轮叶片出水边中部发生约800mm贯穿性裂纹	优化设计，制造时严格验收，提高检测标准，加强监造
18	转轮	转轮出水边近下环约1m处易空蚀	优化设计，或出厂时喷涂抗空蚀材料
18	转轮	转轮出水边下环 R 角处易空蚀	优化设计，或出厂时喷涂抗空蚀材料
19	顶盖	顶盖导叶端面密封易空蚀，不易拆除	建议顶盖端面密封外压板设计为分块式，便于导叶端面密封拆除
20	顶盖	个别机组顶盖导叶中部轴领（上部）密封压板锈蚀	优化选材，制造材料应设计为锈钢压板
21	顶盖	顶盖泄压管存在多处砂眼	增加壁厚（可增至12mm）
21	顶盖	顶盖泄压管存在多处砂眼	制造厂严格验收，加强监造
22	顶盖	顶盖存在组合面变形，上、中导叶套筒不同心	制造时严格执行工艺和验收要求，提高检测标准，加强监造
23	顶盖	顶盖过流面近顶盖泄压管处存在严重空蚀	优化设计或制造时喷涂抗空蚀材料，或在空蚀区堆焊不锈钢层
24	顶盖	顶盖导叶中部套筒壁存在周向裂纹	建议优化设计
24	顶盖	顶盖导叶中部套筒壁存在周向裂纹	制造时严格执行工艺和验收要求，提高检测标准，加强监造
25	主轴密封	浮动环防转销易落、锈蚀	优化设计，采用不锈钢材料制造
26	主轴密封	浮动环与支座径向密封易破损漏水，运行后浮动量较小或不均	在支座与浮动环密封连接处，堆焊不锈钢材料
27	接力器	接力器锁定缸发生裂纹	制造时严格执行工艺和验收要求，提高检测标准，加强监造
28	接力器	接力器内壁发生线性缺陷	制造时严格执行工艺和验收要求，提高检测标准，加强监造
29	接力器	接力器缸前端盖法兰与缸体焊缝发生多处裂纹	制造时严格执行工艺和验收要求，提高检测标准，加强监造
30	水导外循环装置	冷却器铜管易磨损	在保证冷却效率的前提下，宜采用不锈钢材质冷却管

7.2.2.3 运行与维护阶段

运行与维护阶段是全寿命周期中时间最长的环节，直接关系到机组的稳定运行和经济效益。在这一阶段，RCM方法的应用能够有效提升机组的运行效率，降低维护成本，延长机组的使用寿命。

在运行阶段，制定了基于状态评价的RCM方法，通过安装先进的传感器和监测设备，实时采集机组运行过程中的各种数据，如温度、压力、振动等，反映出机组的运行状态和性能变化，一旦数据出现异常，结合RCM故障模式风险分析，能够识别出潜在的故障风险，并发出预警信号，在故障发生前采取相应的措施进行干预，避免故障扩大化，保证机组的稳定运行。

在维护阶段，RCM 方法的应用则体现在对机组的预防性维护和计划性维修上。通过定期对机组进行检查和测试，可以及时发现并解决潜在的问题和隐患。同时，根据 RCM 方法制订的维护计划和维修策略更有针对性，根据机组的实际运行情况和故障历史数据，确定合理的维护周期和维修内容。在保证机组安全运行的前提下，最大限度地延长机组的使用寿命，降低维护成本。在项目实施期间，恰逢电厂某台机组正在制订检修计划，运用本次试点的 RCM 方法，对该机组各部件可靠性进行评估，检修项目由原来的 56 项减少至 38 项，减少 32%。其中发电机机械检修项目共 38 项，减少 13 项，剩余 25 项，发电机电气一次检修项目共 18 项，减少 5 项，剩余 13 项。经过修后运行检验，该机组一次性并网成功，设备运行可靠，优化项目的设备运行稳定，各项数据指标满足运行要求，避免了发电机设备检修过修，降低人员投入成本，工期由原来的 384h，实际工期 302.72h，提前了 81.28h 完成，年度等效可用系数由原计划的 95.62%提高到 95.54%，提高了 0.92 个百分点，达到了预期的效果。

综上所述，运行与维护阶段是全寿命周期管理中的重要环节。通过深入实践 RCM 方法，实现对机组的实时监控、故障预警、针对性维修等，提高机组的运行效率和可靠性，降低维护成本，延长机组的使用寿命，为电厂的稳定运行和经济效益提供有力保障。

7.2.2.4 技术改造与升级阶段

技术改造与升级阶段，不仅关乎机组性能的提升，更涉及机组全寿命周期成本（LCC）的优化与控制。在这一阶段，深入融合全寿命周期成本理论，结合 RCM 分析结果，对机组进行有针对性的技术改造与升级，以实现机组性能提升与成本控制的双赢局面。

这一阶段首先在全寿命周期成本理论的指导下，对机组的运行与维护成本进行全面分析。通过收集机组在以往运行与维护阶段的数据，深入剖析了机组在运行过程中的能耗、维护费用、故障率等关键指标，并基于这些数据对机组的 LCC 进行初步评估。明确技术改造与升级的方向和重点，即优先解决那些对 LCC 影响较大的问题，以实现成本的最优化控制。

其次，针对机组存在的关键问题进行了深入分析和诊断。通过故障模式与影响分析（FMEA），识别出机组在运行过程中容易出现故障的关键部件和环节，并结合 LCC 理论对这些故障进行了成本影响评估。基于这些评估结果，制定有针对性的技术改造方案，旨在通过优化设计和制造工艺、提升关键部件的可靠性等措施，降低机组的故障率和维护成本。

某水轮发电机组自投运以来，经过多年的稳定运行，逐渐暴露出一些技术上的瓶颈和性能上的不足，开始进入技术改造及升级阶段。例如，某台机组定子机座水平、定子铁芯水平振动严重超标，使得机组运行范围减小，通过对其继续进行 LCC 测算，发现其维护成本剧增，初步估计，维持现状不进行技改升级，2 年后其 LCC 成本大于技改成本，同时对其进行劣化度等级评价时劣化度等级为最高级 4 级，已经影响机组安全稳定运行，维修策略为结合机组 A 修处理，无论从安全角度还是经济角度，技改升级势在必行。最终，结合 2023 年 A 修对转子进行技术改造。最终通过改造大幅度降低了定子机座的低频振动幅值，效果显著。满负荷工况下定子机座低频振动从最高 354μm 降到最高 69μm，满足规范不高于 120μm 的要求。对改造后的机组重新进行劣化度等级评价，其劣化度等级从 4 级降为 1 级，此次改造标志着机组性能得到了显著提升，运行更加稳定可靠。

全寿命周期管理是一种综合性的管理方法，它涵盖了设备从设计、制造、运行、技术改造、报废处置的整个过程。在这一框架下，RCM 发挥着至关重要的作用。RCM 通过其独特的分析方法和维护策略，确保了设备的可靠性和安全性。在设计阶段，RCM 通过识别关键部件和潜在故障模式，为设计师提供有价值的反馈，从而优化设备设计。在制造阶段，RCM 确保了生产过程的精确性和质量控制，为设备的长期稳定运行奠定坚实基础。在运行和维护阶段，RCM 通过实时监控、故障诊断和预测性维护，有效延长了设备的使用寿命，降低了维护成本，并提高了整体运营效率。

第8章　水轮发电机组以可靠性为中心的智能管理平台

8.1　结构和功能详述

自动化、数据化、智能化仍是水电未来的发展方向，也是RCM走向实际应用的必经之路，为此，大唐水电科学技术研究院综合了国家能源局两次试点的工作经验，自主研发开发的一款RCM应用系统，在RCM检修方式信息化和自动化上做了积极尝试，该平台主要包括设备管理、故障管理、数据分析、数据测算和系统功能五个功能模块。RCM系统功能清单见表8－1。

表8－1　RCM系统功能清单

模块	功　能	子功能	描　　述
设备管理	设备模板管理	设备模板管理	维护设备模板的基础信息
		设备部件及单元管理	针对设备模板下的部件/子单元/可维修单元与部件进行维护
	设备参数管理	机组管理	站点内的机组信息展示及维护（后台）
		机组内设备管理	机组内的设备展示及维护
		机组重点参数查看	支持查看机组相关的统计类数据，包括运行小时、备用小时、计划停运时间等信息，此类信息支持以图表的形式展示过去一段时间内的数据
	设备数据项管理	设备数据项管理	支持对RCM涉及的数据项进行维护，部分数据来源于KDM系统，部分数据通过手动维护或计算获得
故障管理	故障库管理	故障模式管理	维护系统内的故障模式
		设备模板关联故障模式	系统内的设备模板关联故障模式
		故障模式分析	展示故障模式的详细信息及故障最近5年的概率分布

续表

模块	功　能	子功能	描　　述
故障管理	故障库管理	AI 维修策略	支持针对故障模式进行 AI 问答（此部分需要提供故障的相关数据）
	RCM 分析	RCM 分析	根据设备数据项的数据变化，实时进行 RCM 计算，并根据计算结果生成预警信息
	故障管理	故障预警信息	根据 RCM 计算结果生成故障预警信息并进行展示
		故障处理	针对已经产生的故障，在故障处理完成后记录处理结果并更新设备信息
数据分析	数据分析	数据分析	将重点数据的对应信息以图表的形式展示在首页
数据测算	测算工具	设备测算参数调整	提供测算工具，针对具体设备可以修改设备数据项的实时数据
		RCM 测算	根据修改后的参数进行 RCM 测算，并根据测算结果生成对应的故障信息
		测算故障处理	对故障处理结果进行记录，并更新设备信息
系统功能	系统功能	系统功能	数据库管理、用户权限管理、资源监控管理，安全防护管理等

RCM 系统功能架构如图 8－1 所示，底层的数据采集、数据标准化及服务接口为平台提供基础能力，再根据对应的实际需求完成应用服务的开发。

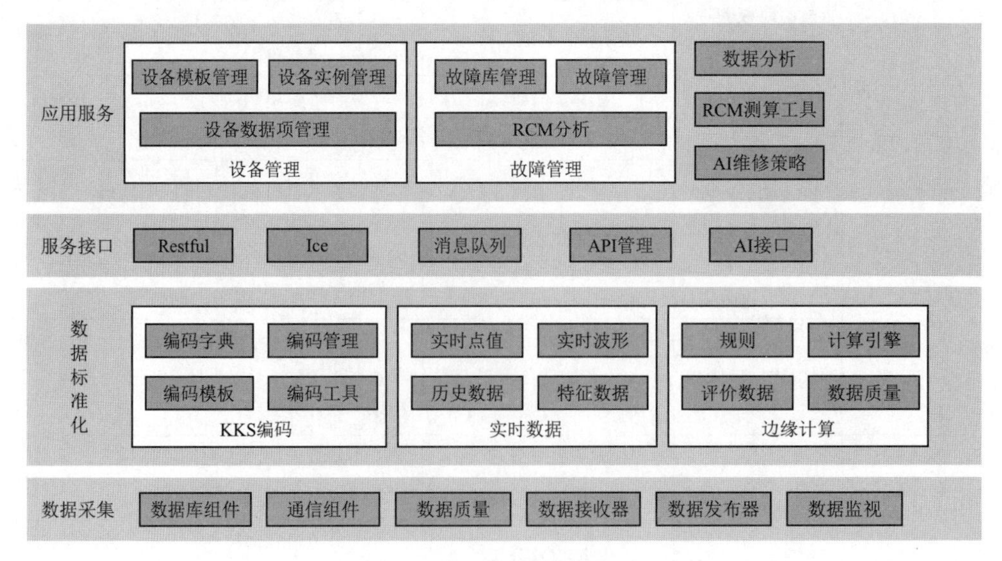

图 8－1　RCM 系统功能构架

8.1.1 设备管理模块

设备管理模块包括设备模板管理、设备部件及单元管理、机组管理、机组设备管理、机组运行参数监视、机组数据管理六大部分。下面详细介绍每部分的功能和特点。

8.1.1.1 设备模板管理

平台支持对设备模板进行管理，包含的功能为查询、新增、编辑及删除。设备模板是设备的标准信息，是设备的SKU，基于此可以创建并且管理相应的具体设备信息：设备名称及设备分类。在创建设备模板的时候需要定义好设备的分类。设备分类不提供页面进行维护，由后台在实施时进行预置。目前设备分为三类：A类/B类/C类。设备分类管理如图8-2所示。

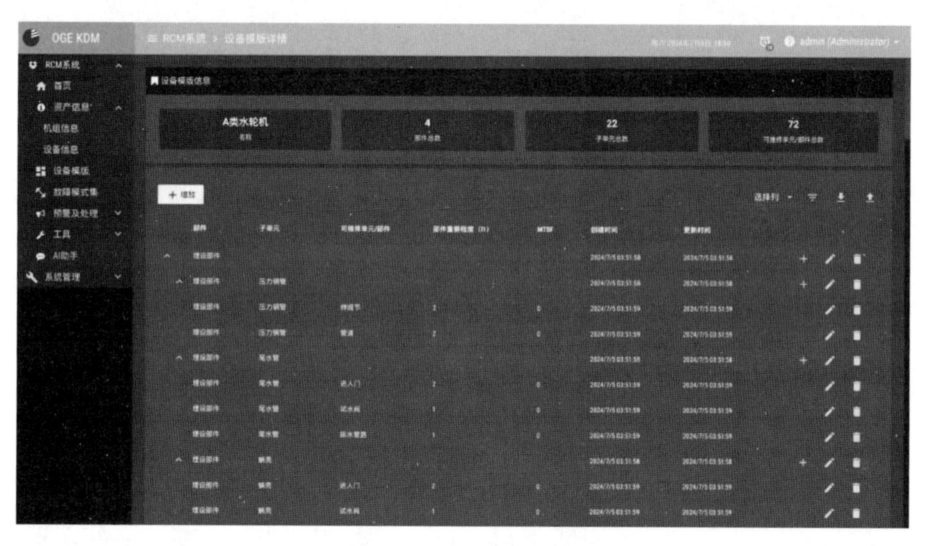

图8-2 设备分类管理

已经关联设备实例的设备模板不可被删除，需要将设备模板下的实例全部删除后方可删除设备模板。

设备模板支持对表格的不同表头进行分别查询。

设备模板支持从页面新增，也支持根据提供的模板进行上传导入。

设备模板支持查看，可以查看设备模板的详细信息及模板下对应的部件/单元信息。

设备模板管理功能展示如图8-3所示。

8.1.1.2 设备部件及单元管理

在该模块下可对部件/子单元/可维修单元与部件进行维护，可以对设备部件及单元进行直接维护，也可以后续进行编辑新增，还可以对已创建的设备部件/单元支持编辑及删除。设备部件结构数据库如图 8 - 4 所示。

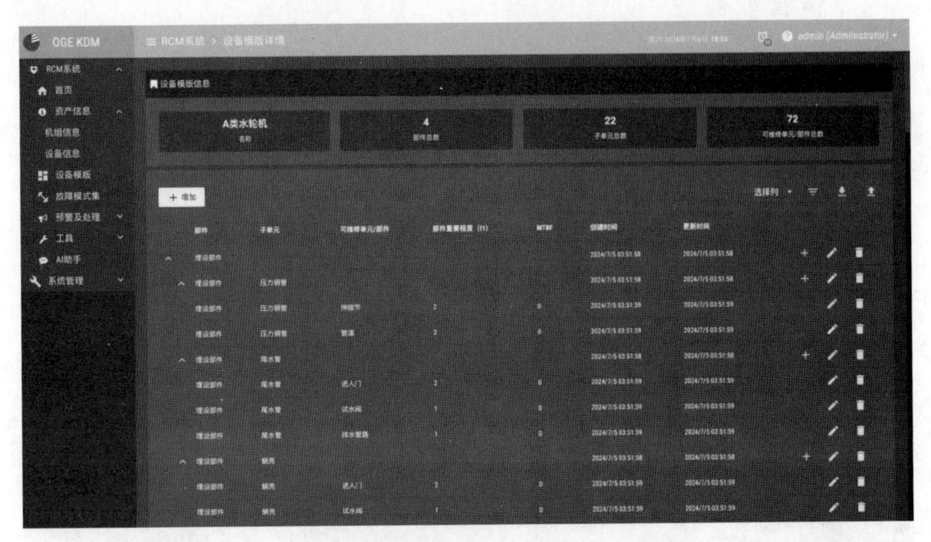

图 8 - 3　设备模板管理功能展示

图 8 - 4　设备部件结构数据库

8.1.1.3　机组管理

在系统初始化的时候，可根据用户提供的机组信息，对站点内的机组进行维护及录入。已录入的机组只支持查看机组详情及修改机组的当前状态。机组信息展示如图 8 - 5 所示。机组基本信息查询如图 8 - 6 所示。

8.1.1.4　机组设备管理

在系统初始化的时候，可根据用户提供的机组内设备清单，管理机组内的设备实例。

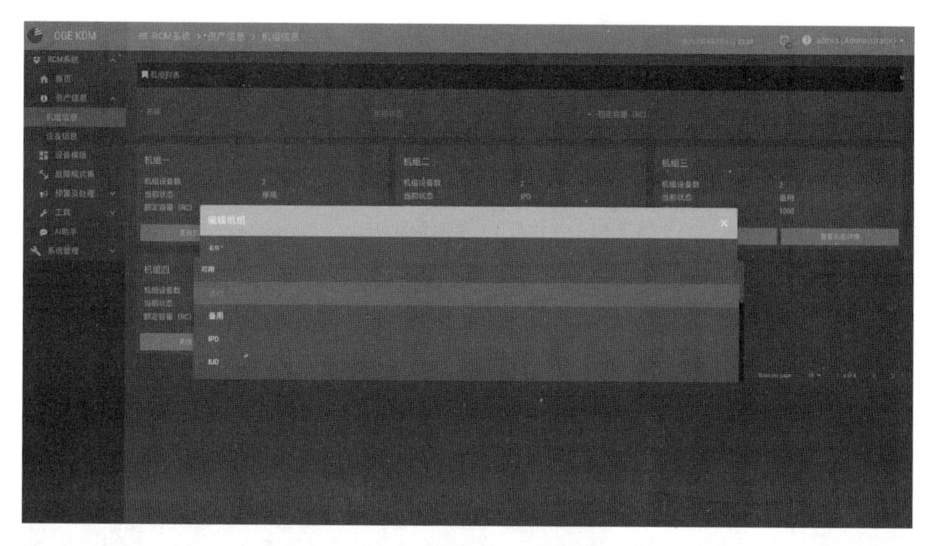

图 8-5　机组信息展示

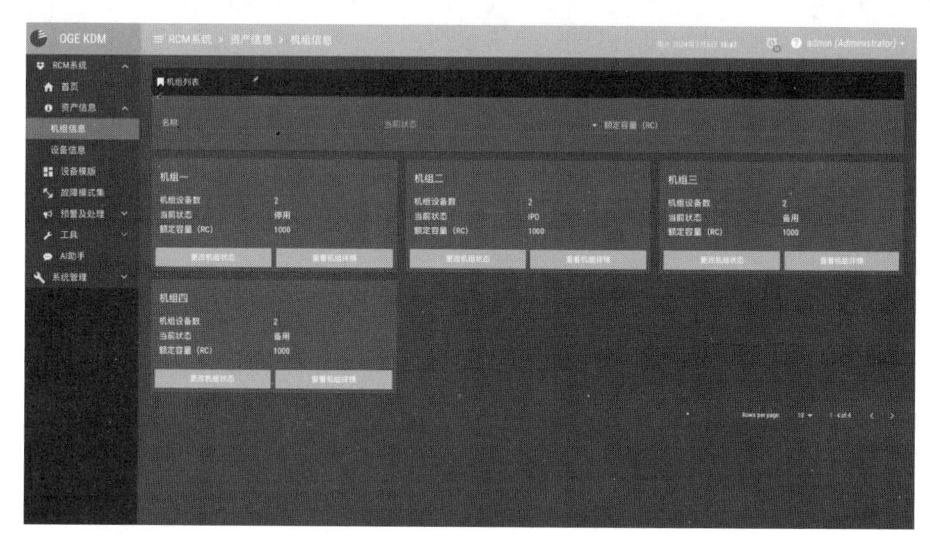

图 8-6　机组基本信息查询

该模块支持对机组内的设备实例进行查询，支持查看设备实例的设备码、设备当前状态和平均无故障工作时间。

支持对设备实例的名称进行修改。

支持查看设备实例的详细信息，包含设备实例状态及设备部件的状态。机组设备管理功能展示如图 8-7 所示。

8.1.1.5　机组运行参数监视

该界面下可对机组的重点参数以字牌及图表的形式进行对应呈现，展示的数据包含机组的统计期间小时、运行小时、备用小时、计划停运小时、非计划停运小时、可用小时、不可用小时、机组降低出力小时、累计运行时间、统计台年。图表展示的数据包含机组等效可用系数、机组停用总时间、机组利用小时数、机组非停时间、机组缺陷数据。机组重点参数监视画面如图 8－8 所示。

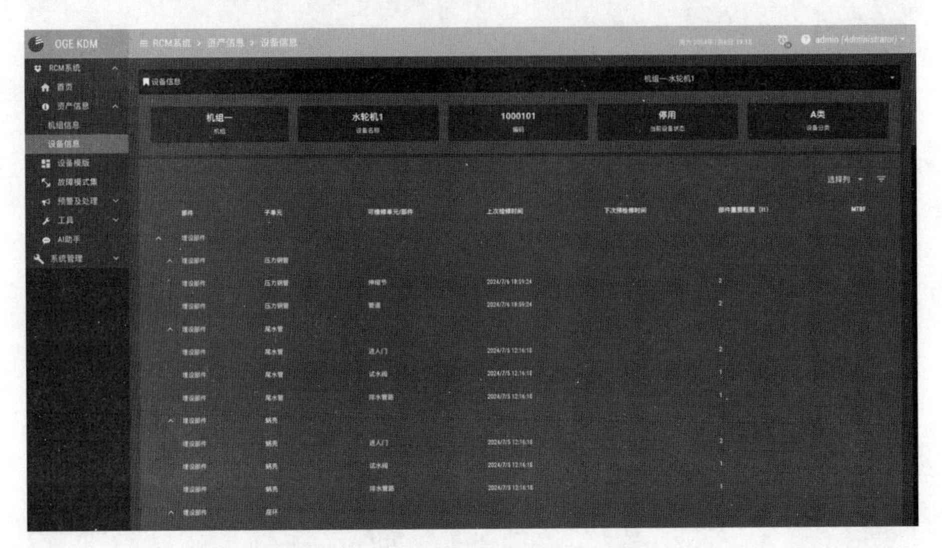

图 8－7　机组设备管理功能展示

8.1.1.6　机组数据管理

可对 RCM 涉及的设备数据项进行维护，数据项分为实时监测数据、手工录入数据、计算数据三类。

实时监测数据类型的设备数据来源于 KDM，由后台进行维护及定义。

手工录入数据类型的设备数据，目前支持与故障库管理进行联动，支持由后台进行维护，也支持从前端界面进行创建。

计算数据类型的设备数据是指某些需要经过计算获得的设备数据项，如使用时长等，此部分数据目前由后台进行维护及定义。

8.1.2　故障管理

8.1.2.1　设备故障库管理

故障库中可以对故障模式进行查询、新增、编辑、删除等操作。

已创建的故障模式支持查看、编辑及删除。若在设备模板中故障模式被删除，则展示在待创建设备故障列表中，需要由用户重新创建设备模板对应的故障模式。设备故障模式录入功能如图 8－9 所示。

新建故障模式时，需要填写故障模式的 FMEA 分析表以及相应的劣化度评定等级标准。部件故障模式详细录入如图 8－10 所示。

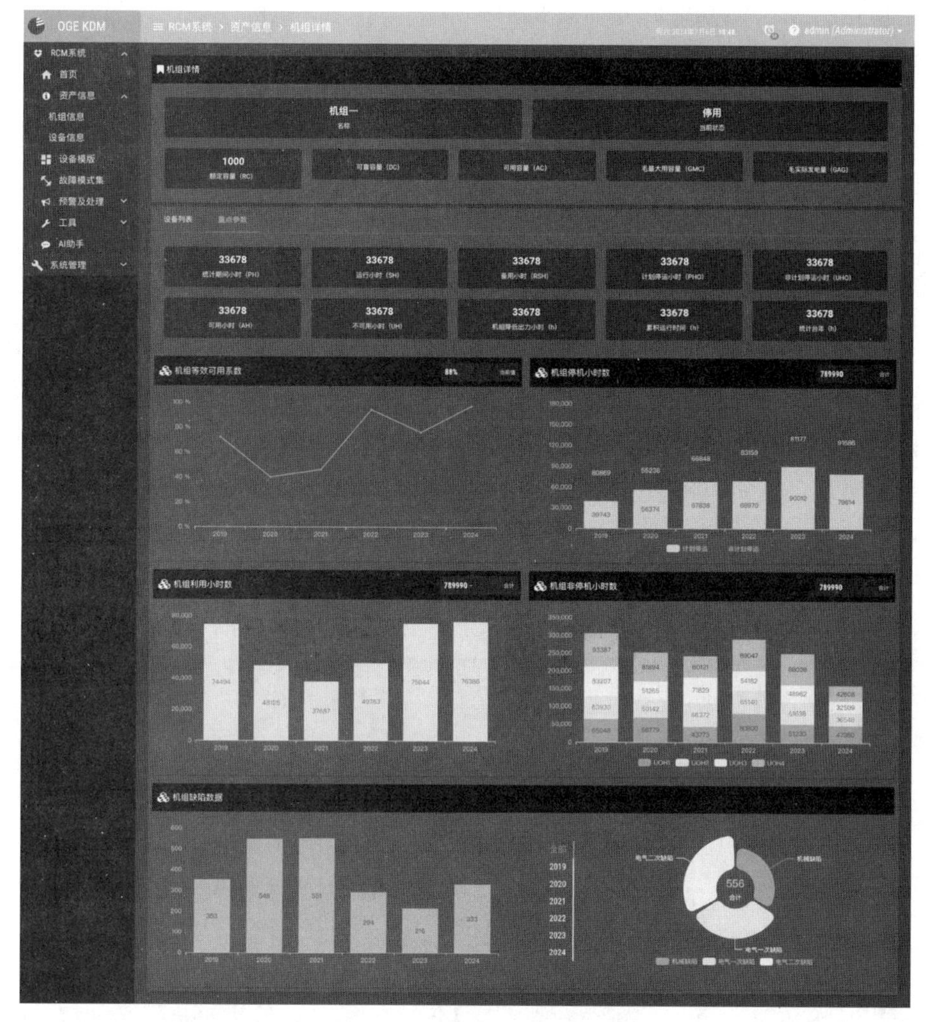

图 8-8　机组重点参数监视画面

故障库支持查看详情，详情中支持根据部件、子单元、可维修单元/部件、故障模式名称等信息进行详细查询。新创建的设备模板都会在“待创建设备故障列表”里进行展示，可以在此模块对新建的设备模板创建故障模式。故障模式与设备模板 1∶1 关联。

8.1.2.2　故障模式分析

故障库中针对可维修单元/部件进行了不同故障模式的维护，可以查看对应的故障模式详情及查询对应故障模式的发生概率。故障模式数据库如图 8-11 所示。

8.1.2.3　AI 维修策略

系统创新性引入 AI 大模型，在故障模式详情中，可以查看 AI 维修策略，可以通过对话的形式，获得对应故障模式的不同维修方案，充分发挥人工智能在 RCM 分析中的应用。AI 互动功能开发如图 8－12 所示。

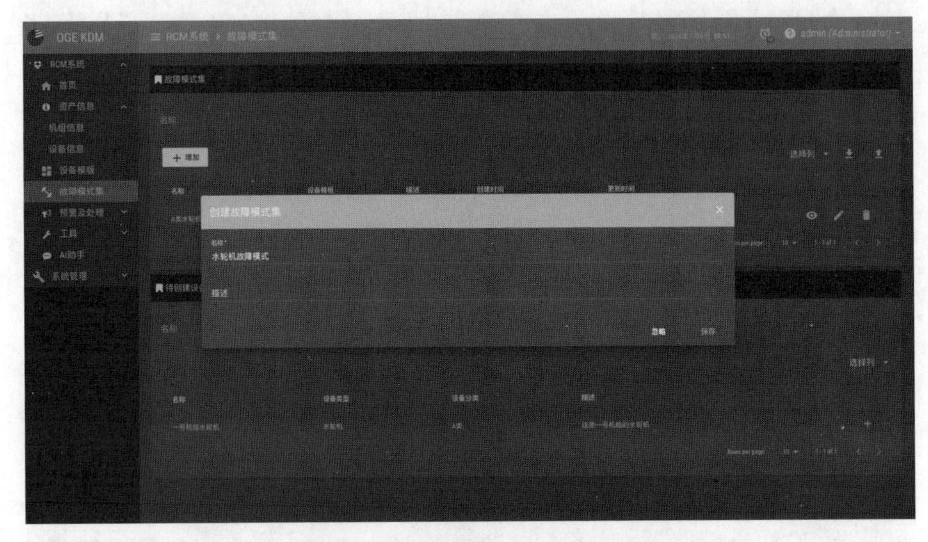

图 8－9　设备故障模式录入功能

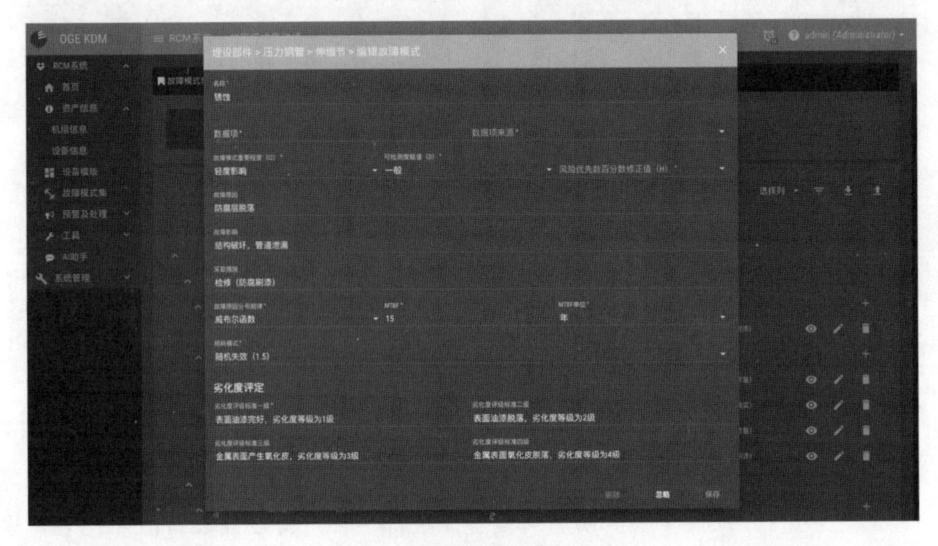

图 8－10　部件故障模式详细录入

8.1.2.4　故障管理

1. 故障预警

根据 RCM 实时测算出来的结果进行故障预警。预警的故障信息支持根据关注等级、所属机组、RPN 区间进行查询。

列表页面支持根据待处理/已处理的预警信息状态进行查询，默认展示待处理的预警信息。设备预警画面如图 8－13 所示。

未处理的故障预警信息支持进行详情查看，详情中包含概率信息、概率分布、

SOD立体图、当前故障劣化度等内容。同时支持与AI维修策略结合，进行AI对话获得对应的维修建议。设备预警功能拓展如图8-14所示。

对于未处理的预警信息，可以人工选择需要处理的故障模式生成处置方案，在处置方案中系统会对相同部件的故障模式进行归类展示，并人工预选处理方案。在系

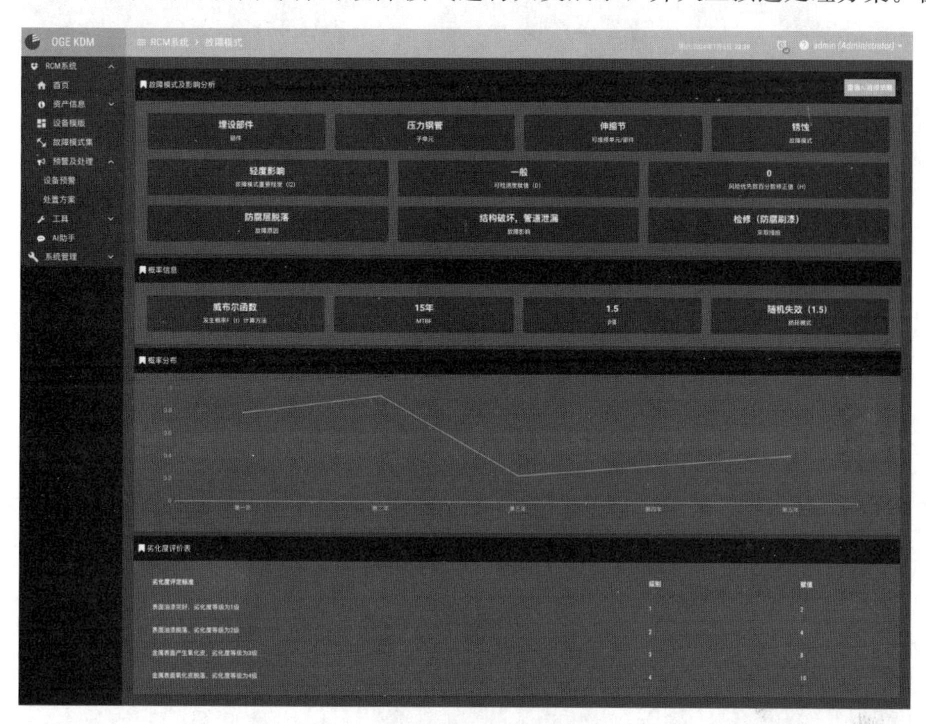

图8-11 故障模式数据库

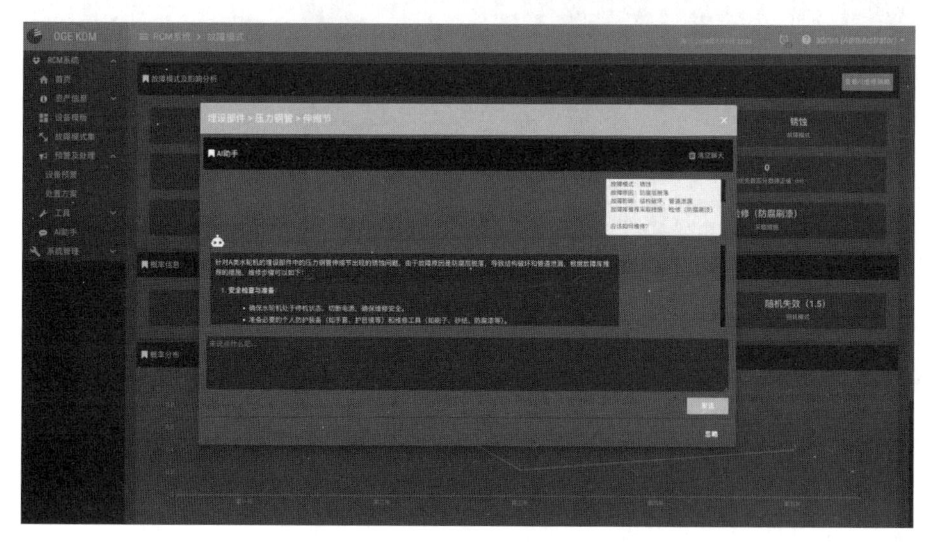

图8-12 AI互动功能开发

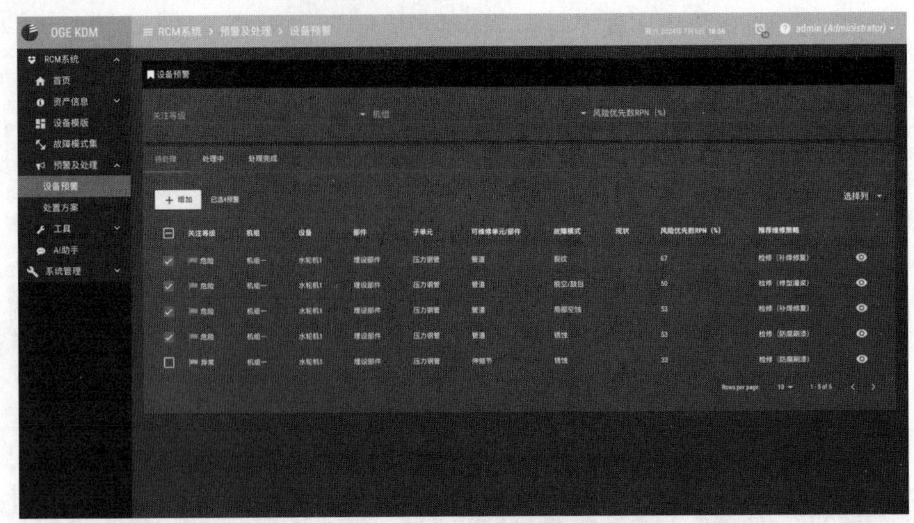

图 8-13 设备预警画面

图 8-14 设备预警功能拓展

统首页会对当前运行中的机组设备进行故障模式预警统计，以及故障处理的数据统计。RCM 首页信息展示如图 8-15 所示。

2. 故障处理

对于已产生的故障预警信息，支持对故障预警的处置方案进行记录并更新设备的相关信息。

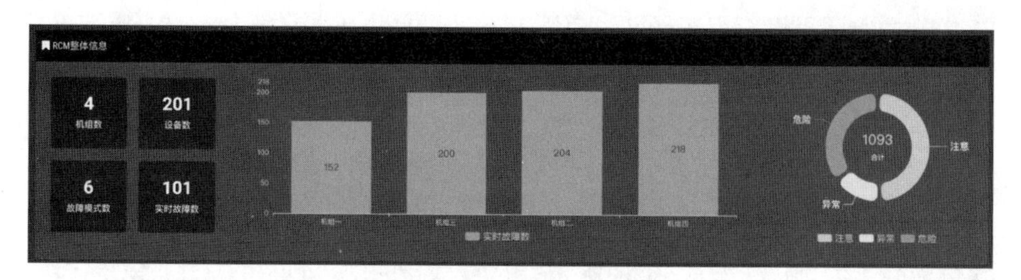

图 8-15　RCM 首页信息展示

故障处置方案支持针对多个预警信息进行合并记录，需要用户在故障预警信息列表中选择需要记录初始方案的未处理的预警信息（多条），然后进行对应的处置方案记录，需要记录处置方案的采取措施，选择检修/更换新硬件。采取的不同措施影响针对设备后续的 RCM 测算。故障处置方案如图 8-16 所示。

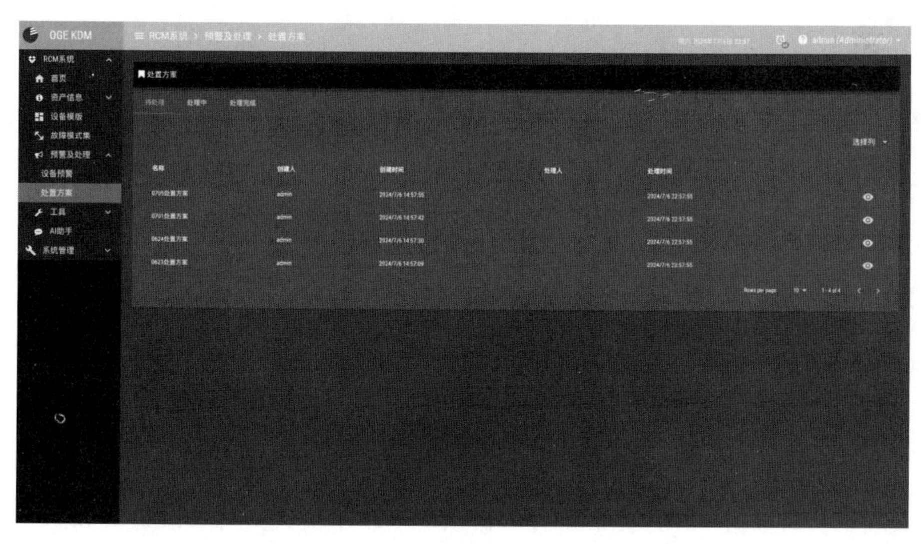

图 8-16　故障处置方案

在方案处置详情中，可以人工修正预处理方案，记录并备注现场实际处理方案，系统会对不同的处理进行相应数据回归，例如：检修需人工选择故障处理程度，系统将根据处理的情况进行相应的 RPN 计算，更换新硬件则将相应硬件下的所有故障模式进行重置清洗回归操作，RPN 值也会更新为初始状态。同时，已处理完成的处置方案将会对处理时间及处理操作人进行记录。处置方案数据库如图 8-17 所示。

8.1.3　数据分析

系统支持对重点数据进行持续记录及分析，并将对应的数据以图表形式在系统首页进行呈现。

图 8－17　处置方案数据库

图表信息包含机组等效可用系数、机组利用小时数、机组停机小时数、机组非停小时数、机组缺陷数据、机组检修项目数等。支持按过去一段时间的数据进行展示，并分机组展示当前的实时数据。RCM 系统首页如图 8－18 所示。

除首页对多机组的集中统计展示以外，每个机组都会有重点参数统计及图表展示，以便实时掌握机组运行状态，对故障征兆及时处理。

8.1.4　测算工具

8.1.4.1　设备参数调整

系统提供测算工具供 RCM 测算专家及相关业务分析人员使用。支持按设备查询当前设备的实时数据项，并提供设备数据项的修改手段，支持修改设备数据项后进行保存。此部分数据项可以用来进行 RCM 的重新测算。

8.1.4.2　RCM 测算

通过参数测算按钮触发对修改过数据项的设备实例进行 RCM 测算，并根据测算结果生成对应的 FMEA 分析结果。此部分功能可以用来在更新故障模式的相关策略之后，通过预期的数据项修改来确认故障模式的修改结果。

可以在 FMEA 分析页面进行查询最新生成的 RCM 测算结果（此时间范围的定义可以在后台进行预置）。RCM 测算工具参数设置如图 8－19 所示。

8.1.4.3　测算故障处理

测算出的 RCM 故障也支持对单条故障进行处理信息的记录，并根据处理信息的记录对测算数据进行清洗和回归，实现测算整体流程的闭环。

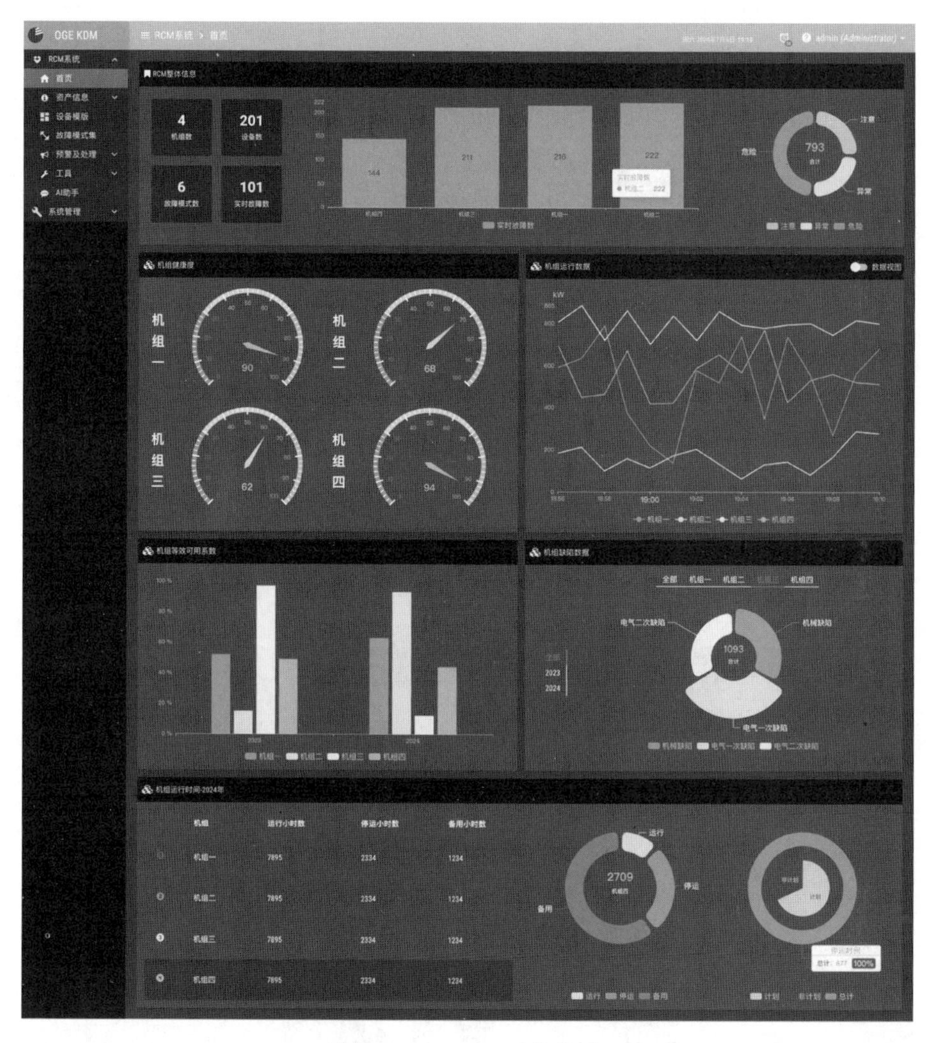

图 8-18　RCM 系统首页

在记录故障处理信息的时候，需要选择对应的维修方式、选择维修后定义的劣化度等级，也可以填写对应的维修备注信息。故障处理信息闭环如图 8-20 所示。

8.1.5　系统功能

系统功能满足 RCM 应用平台系统的数据采集、数据汇聚，数据库管理、数据计算、数据展示，用户角色和权限管理，资源监控管理和安全防护管理等模块，进行有机整合，通过浏览器为系统维护人员提供一站式的运维管理工具集。

8.1.5.1　容器化服务框架

可动态配置运行资源。

对外提供服务，服务须遵循统一的接口规范。

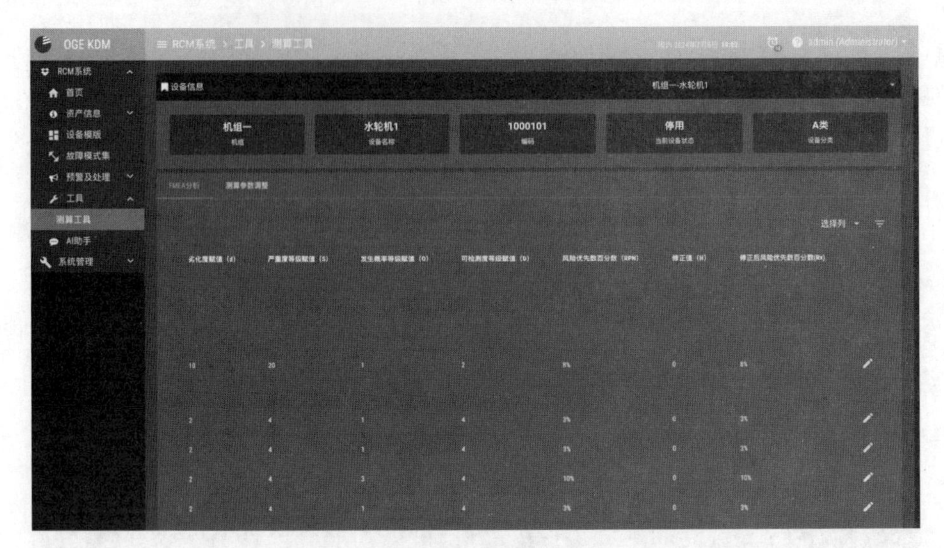

图 8-19 RCM 测算工具参数设置

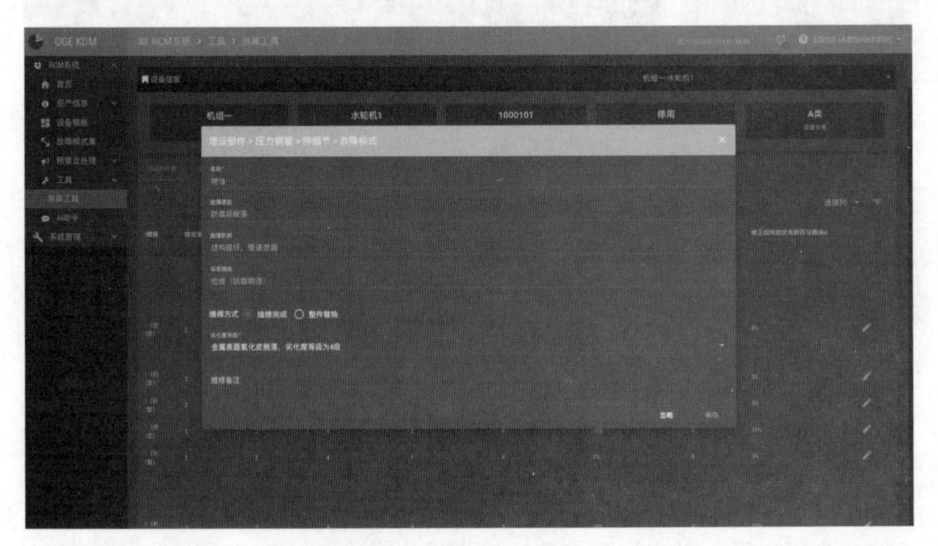

图 8-20 故障处理信息闭环

服务版本化管理，支持运行指标监控和资源报警。

8.1.5.2 访问权限

支持对用户登录账号进行管理，可在平台中新增用户，并支持对既有用户进行修改和删除。用户信息的维护内容包含用户名、用户手机号、用户邮箱等信息。用户名可作为登录账号进行登录。系统管理权限如图 8-21 所示。

支持按管理分级、分角色等设置。支持创建新的角色，并为已有用户分配对应角色，获得对应功能的访问权限。

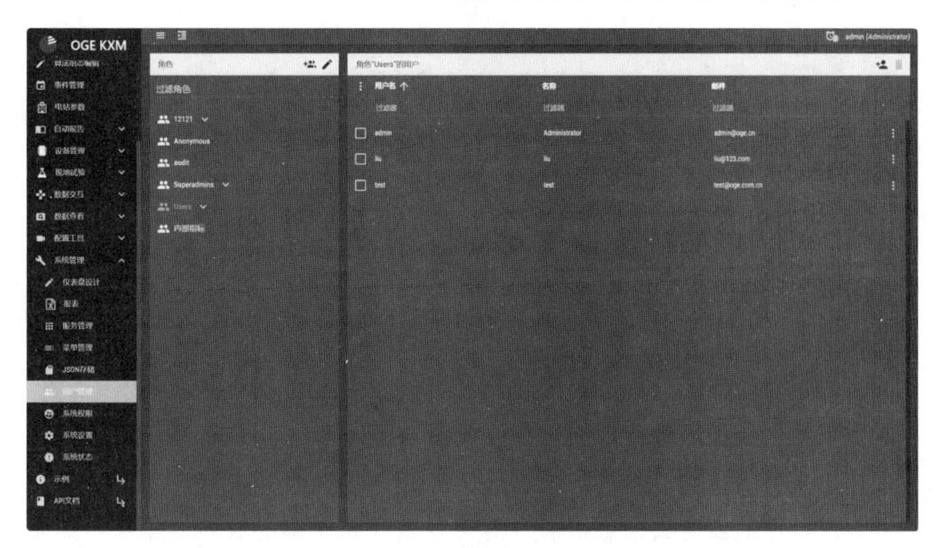

图 8-21 系统管理权限

8.1.5.3 服务与管理工具

平台统一管理：查看 CPU、内存、网络、IO 等使用率指标。

服务管理：收集各服务运行资源状况；能动态添加服务组件，能动态下线服务组件。

日志管理：能收集主机、服务器、数据库和系统运行的服务日志。

资源管理：平台支持多租户架构，支持计算资源和数据资源的隔离；支持通过权限管理数据隔离。

安全防护：支持国产化操作系统，支持系统加固等安全防护措施，满足电力安防要求。系统服务与管理工具如图 8-22 所示。

图 8-22 系统服务与管理工具

8.2　数据采集与状态评价系统的实现

8.2.1　数据采集与管理

支持对 RCM 涉及的设备数据项进行维护，数据项分为实时监测数据、手工录入数据、计算数据三类。

实时监测数据类型的设备数据来源于 KDM，由后台进行维护及定义。

手工录入数据类型的设备数据，目前支持与故障库管理进行联动，支持由后台进行维护，也支持从前端界面进行创建。

计算数据类型的设备数据是指某些需要经过计算获得的设备数据项，如使用时长等，此部分数据目前由后台进行维护及定义。

8.2.1.1　KDM 数据管理

KDM 平台支持轻松快捷的数据接入和管理。

数据汇集：灵活的插拔式通信模块，内嵌常用工业协议 61850、104、MQTT、OPC 等协议，并支持自定义的扩展。

数据存储：兼容数据类型，并具有格式转换能力，统一数据格式规范，采用高性能实时库，满足电站大数据量、多类型、不同频率的数据存储。

数据治理：利用数据标准化编码规则，对数据进行统一标识定义管理；利用数据判断逻辑实现数据质量的多种判断规则。

数据报警：具有报警规则设计引擎，支持多维度、多逻辑的关联报警，支持电站人员深度参与报警逻辑设计，做到规则实质可用，记录动态存储，并实时共享，可以将其自动推送给集控中心的平台。

数据共享：全开发式架构，全息透明地对外提供系统内所有数据，包括原始数据、计算数据、预警数据、统计计算数据等。

数据展示：以组态化方式进行不同业务场景的展示，完成不同管理层级和不同业务单元的多维度数据展示，结合三维展示技术，实现数据的深层次孪生体展示。

8.2.1.2　KDM 数据统一治理

数据源问题：生产系统中有些数据存在重复、不完整、不准确等问题，采集过程没有做清洗处理。

采集质量问题：采集点、采集频率、采集内容、映射关系等设置得不正确；接口效率低，采集失败、丢失，转换失败。

传输过程问题：接口存在问题、参数配置错误、网络不可靠等，造成数据传输过程中的数据质量问题。

数据存储的问题：存储设计不合理，存储能力有限，人为调整数据引起的数据丢失、数据无效、数据失真、记录重复。

针对数据的质量判定支持如下方式：

（1）模拟变化：通过对数据在一定时间范围内的变化量的判断。

（2）最大值：通过对数据在一定时间范围内的最大值的判断。

（3）最小值：通过对数据在一定时间范围内的最小值的判断。

（4）正累计总和：通过对数据在一定时间范围内的按照一定时间步长进行累加情况进行数据质量判断。

（5）负累计总和：通过对数据在一定时间范围内的按照一定的时间步长进行累加情况进行数据质量判断。

（6）无变化：通过对数据在一定时间范围内是否有数据变化判断。

（7）无更新：通过对数据在一定时间范围内是否有数据更新判断。

（8）变化范围：通过对数据在一定时间范围内是否超过设定范围判断。

（9）变化率：通过对数据在一定时间的变化率判断。

（10）平滑度：通过对数据在一定时间的平滑度（平均值偏差情况）判断。

数据加工流程如图 8-23 所示。

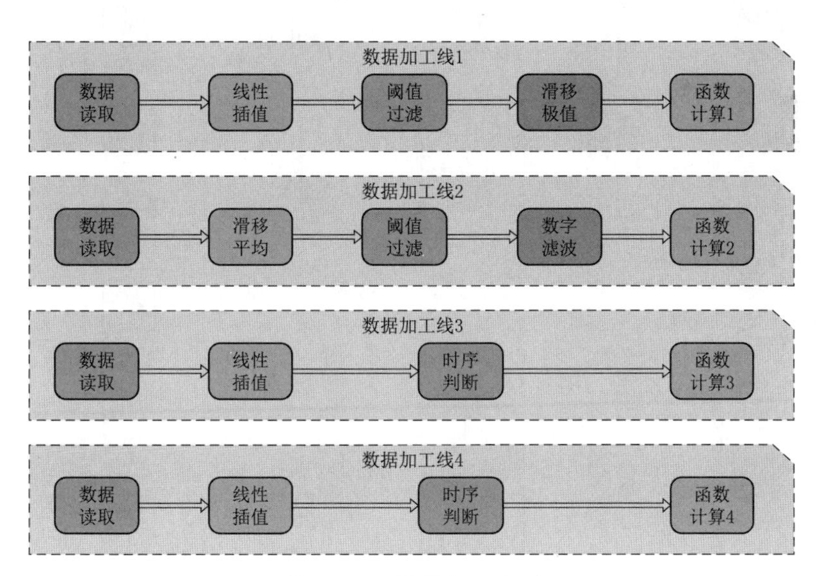

图 8-23　数据加工流程

8.2.1.3　KDM 数据流式计算

流式计算：电力监测数据，具有数据量大、实时性高等特点，专门设计了实时流式计算引擎，以“加工流水线”方式进行高度并行流计算。

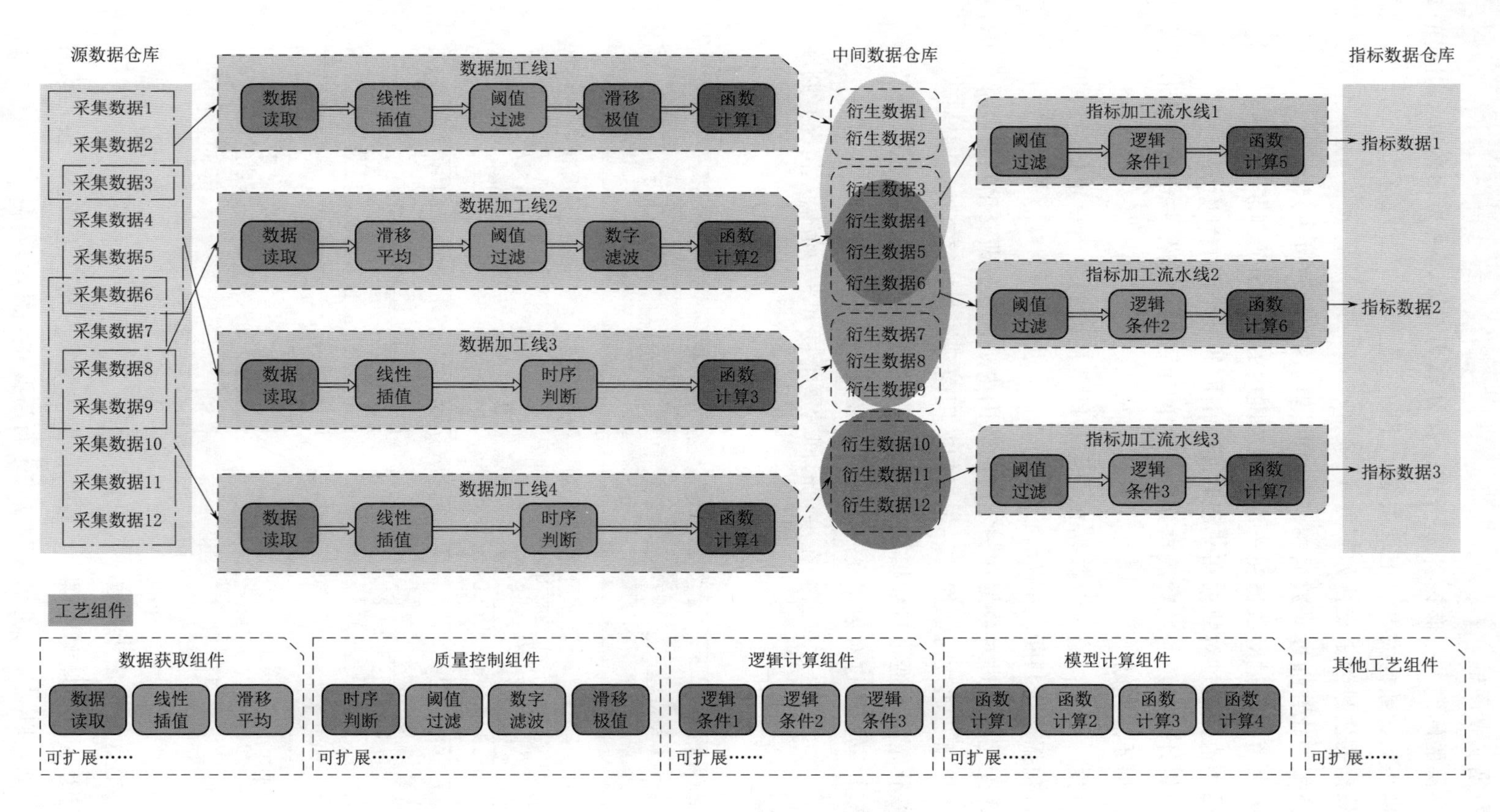

图 8－24　数据处理平台展示

算法组态：采用可视化“托拉拽”方式进行算法的在线组态，以实时数据进行在线仿真计算，动态算法部署。采用通过算子“拼图”实现算法的模式，进行算法开发，基于工程批量化配合和部署方式，降低算法开发和实施难度。

算子及算法管理：采用开放式架构，标准算子开发定义标准，模块化算子封装，统一进行算子和算法的管理。

第三方平台兼容：计算引擎采用标准的数据读写接口，设计标准数据格式，采用微服务方式进行封装，可以和其他大数据平台进行兼容。

数据处理平台展示如图 8－24 所示。

8.2.2 RCM 算法模块

本系统采用改进的常规 RPN 计算方法，对影响因素中的 S、O、D 重新赋值，更加符合实际，改进型风险优先数计算流程如图 8－25 所示。

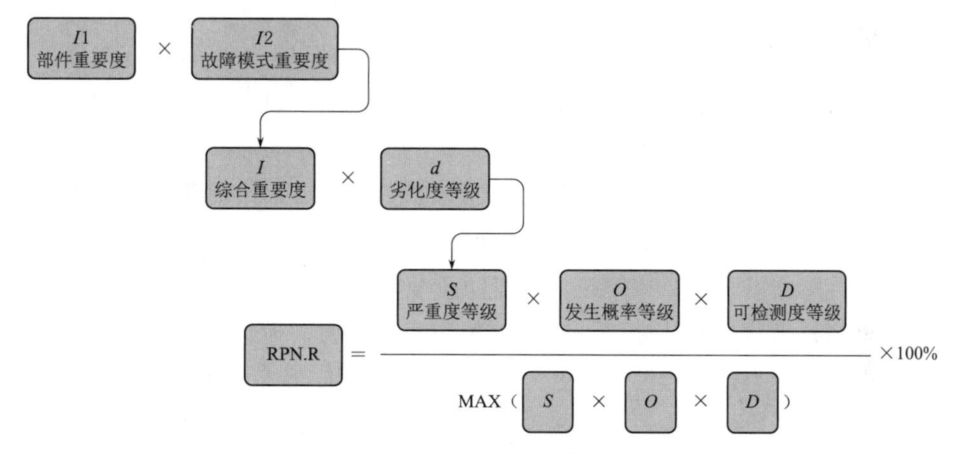

图 8－25　改进型风险优先数计算流程

本章介绍的基于 RCM 的智能平台管理系统，通过实时监控、数据分析和智能决策支持，不仅显著提高了设备的运行效率和可靠性，还有效降低了维护成本和风险。此外，智能管理系统还促进了企业数字化转型，为企业的可持续发展和市场竞争力的提升提供了有力支撑。

第9章 水轮发电机组RCM维修发展趋势探讨

9.1 水轮发电机组维修的特点

随着现代工业的快速发展，水轮发电机组作为重要的能源转换设备，其稳定性和可靠性对于保障电力供应具有至关重要的作用。实践证明，RCM不仅能够延长水轮发电机组的使用寿命，还能提高能源利用效率，降低运营成本。当前基于RCM的水轮发电机组维修主要有如下4个特点。

（1）重视预防性维修与状态监测：在以可靠性为核心的维修策略中，预防性维修扮演着至关重要的角色。通过对水轮发电机组实施周期性的状态监测与评估，可以迅速识别并解决潜在的故障问题，从而防止故障的发生，确保机组的长期稳定运行。状态监测技术，如振动分析、温度监测和油液分析，为维修团队提供了实时的机组运行信息，使得他们能够制订更为精确的维修计划。

（2）多样化的维修策略：水轮发电机组的维修策略呈现多样化，以适应不同设备和故障类型的需求。维修策略包括但不限于定期维修、状态维修和事后维修。定期维修侧重于在固定时间间隔内对机组进行检查和维护，适用于磨损和易损部件的更换。状态维修基于机组的实际运行状况，适用于关键部件和系统的监测。事后维修则是在故障发生后进行，适用于非关键部件和系统的修复。这些策略可以根据机组的具体情况和需求灵活选择，以实现最优的维修效果。

（3）数据驱动与智能化维修：随着物联网、大数据和人工智能技术的兴起，水轮发电机组的维修实践正在向数据驱动和智能化方向发展。通过收集和分析机组的运行数据，可以实时监控机组的运行状态和性能变化，预测潜在的故障风险，并制订预防性维修计划。智能算法和模型的应用，提高了故障诊断和定位的准确性，提升了维修效率。智能化维修减少了人工干预，降低了成本，同时增强了机组的可靠性和稳定性。

（4）跨部门协同与团队协作：水轮发电机组的维修需要跨部门和团队的密切合

作。机械部门负责机械部件的维修和更换，电气部门负责电气系统的检查和调试，安全部门负责安全监管和应急处理。建立高效的跨部门协同机制对于维修工作的顺利进行至关重要。通过加强团队协作和沟通，可以提高维修效率和质量，减少故障的发生。

这些特点共同构成了一个全面、高效的维修管理体系，实现机组的最优运行状态和长期稳定。

9.2 水轮发电机组维修发展趋势

随着科学技术的快速发展，设备的设计和制造水平不断提高，各种新型设备将不断地被应用到水轮发电机组的全寿命周期各个阶段中，同时，根据近年来的发展规划来看，水电的装机规模仍在持续扩张。这些因素都促使现代设备维修管理的模式和方法需要进行不断地研究，以适应新形势和新技术的变化。总体来看，水轮发电机组的发展方向可总结为如下 4 点。

1. 智能化维修的普及

人工智能和机器学习技术的飞速发展，预示着智能化维修将成为水轮发电机组维修实践的新趋势。智能算法和模型的引入，使得机组的监测、诊断和维修过程更加自动化和精确。这种智能化不仅提升了维修工作的效率，还降低了成本并减少了人为错误。展望未来，随着技术的不断成熟，智能化维修有望成为主流维修方式。

2. 数据化管理的持续深入

数据化管理正逐渐成为水轮发电机组维修实践的核心。全面的数据分析为维修计划的制订和实施提供了坚实的基础，同时为设备状态的监测和预测提供了可靠的数据支持。随着数据化管理在维修实践中的应用不断深化，它将成为推动维修工作创新和发展的关键驱动力。在实践中发现，目前对机组状态的评价仍然有大量参数需要靠人工点检及经验判断，各项运行参数的数字化、标准化仍是未来的发展方向之一。

3. 以可靠性为中心的维修的理论创新

尽管近年来国内以可靠性为中心的维修（RCM）发展十分迅速，但主要以实际应用为主，理论创新方面尚存在提升空间。当前，国内 RCM 的实践多集中在对现有理论的本土化调整与应用推广，而在深入探索 RCM 理论的创新性发展、与新兴技术如物联网（IoT）、大数据、人工智能（AI）的融合方面，还有待进一步的研究和突破。理论创新不仅包括对 RCM 核心理念的深化与拓展，还涉及维修策略、风险评估方法、故障预测技术以及维修决策支持系统的创新。通过加强理论研究与技术创新，可以更有效地提升设备的可靠性与维修管理的智能化水平，推动 RCM 在电力、制造、交通等行业的深层次应用，实现维修管理从传统模式向现代化、智能化的转变。

4. 行业标准化建设的加速

当前阶段，尽管各个电力集团积极推动以可靠性为中心的维修（RCM）的应用，并已制定各自的企业级 RCM 标准，以指导和规范维修活动，提高设备管理的系统性和科学性，但就整个行业而言，统一的行业标准及国家标准尚未建立，在这方面仍存在空白。这种标准化建设的缺失可能导致不同企业间的 RCM 实施标准不一致，影响行业内知识和经验的共享，也制约了 RCM 实施效果的最大化。随着国家能源局对电力设备 RCM 策略研究的重视，预计未来将有更多的工作投入到行业标准化建设中，包括 RCM 实施流程、维修策略选择、数据收集与分析、维修效果评估等方面的标准化，以实现 RCM 在电力行业的全面、协调和可持续发展。

附录A 水轮发电机组性能评估与监测、试验方法（资料性附录）

A.1 水轮发电机组性能评估

A.1.1 水轮机性能指标

1. 稳态水力性能

水轮机功率保证：应保证水轮机在额定水头下的额定功率及在最大水头、加权平均水头、最小水头和其他特定水头下的功率。

水轮机效率保证：应保证运行水头范围内水轮机的最高效率、加权平均效率或其他特定工况点的效率。

最高飞逸转速保证：混流式和定桨式水轮机取最大水头和导叶最大开度下所产生的飞逸转速；在特殊情况下，可经供需双方商定。转桨式水轮机应按水轮机导叶与转轮叶片协联和非协联条件下，在运行水头范围内所产生的最高飞逸转速分别保证。冲击式水轮机取最大水头和最大喷嘴行程下产生的飞逸转速。

2. 空化、空蚀和磨蚀

反击式水轮机在一般水质条件下的空蚀损坏保证应符合 GB/T 15469.1 的规定。冲击式水轮机在一般水质条件下的空蚀损坏保证应符合 GB/T 19184 的规定。

3. 振动

在保证的稳定运行范围内，立轴水轮机顶盖以及卧轴水轮机轴承座的垂直方向和水平方向的振动值，应不大于表 A.1 的规定值。测量方法按 GB/T 32584 执行。

4. 稳定运行范围

在规定的最大和最小水头范围内，水轮机稳定运行的功率范围按表 A.2。实际稳定运行范围可根据现场实测稳定性情况进行适当调整。对于混流式水轮机，可能在保证的水轮机稳定运行范围内会出现异常振动或强振区，应避振运行或采取相应减振措施。

表A.1 振动允许值

项目	振动允许值（峰—峰值）/μm			
	额定转速（n_r）/(r/min)			
	$n_r \leqslant 100$	$100 < n_r \leqslant 250$	$250 < n_r \leqslant 375$	$375 < n_r \leqslant 750$
立轴机组顶盖水平振动	90	70	50	30
立轴机组顶盖垂直振动	110	90	60	30
灯泡贯流式水轮机轴承座的径向振动	120	100	100	100
卧轴机组水轮机轴承座的水平振动（不含灯泡贯流式）	120	100	100	100
卧轴机组水轮机轴承座的垂直振动（不含灯泡贯流式）	110	90	70	50

原型水轮机在规定的水轮机稳定运行范围内，应对混流式水轮机尾水管内的压力脉动的混频峰峰值或均方根值做出保证，取值按照GB/T 17189。在电站空化系数下测取尾水管压力脉动混频峰峰值，在最大水头与最小水头之比小于1.6时，其保证值宜不大于相应运行水头的2%～11%，低比转速取小值，高比转速取大值；原型水轮机尾水管进口下游侧压力脉动峰峰值宜不大于10m水柱。

表A.2 振动边界推荐值

水轮机型式	转轮直径	水轮机稳定运行功率范围/%	
		额定水头及额定水头以下	额定水头以上
混流式	转轮直径 $D_1 < 6.0$m	[(45～50)～100] 相应水头下最大功率	$[(45\sim50)\times(H_i/H_r)^{1.5}\sim100)]P_r$
	转轮直径 $D_1 \geqslant 6.0$m	[(50～55)～100] 相应水头下最大功率	$[(50\sim55)\times(H_i/H_r)^{1.5}\sim100)]P_r$
定桨式	(75～100) 相应水头下最大功率		
转桨式	(35～100) 相应水头下最大功率		
冲击式	(25～100) 相应水头下最大功率（两喷嘴及以下） (15～100) 相应水头下最大功率（两喷嘴以上）		

注 H_i 为大于额定水头的运行水头。

5. 最高瞬态过速和最高、最低瞬态压力

机组甩全部或部分负荷时，蜗壳内最高压力值、尾水管内最高压力值及最低压力值和机组过速最大值不应超过设计值。

6. 导叶（喷嘴）漏水量

在额定水头下，新投运的机组，圆柱式布置的导叶漏水量不应大于水轮机额定流量的0.3%，圆锥式布置的导叶漏水量不应大于水轮机额定流量的0.4%。冲击式水轮机新喷嘴在全关时不应漏水。

7. 噪声

水轮机在稳定运行范围内正常运行时，冲击式水轮机机壳上方1m处所测得的噪声不应大于85dB（A）；贯流式水轮机转轮室周围1m内所测得的噪声不应大于90dB（A）；其他型式的机组在水轮机机坑地板上方1m处所测得的噪声不应大于95dB（A），在距尾水管进人门1m处所测得的噪声不应大于95dB（A）。

8. 转轮裂纹

水轮机在稳定运行范围内运行，在合同规定的保证期内保证转轮不产生裂纹。

A.1.2 发电机性能指标

（1）温升：水轮发电机在规定的使用环境条件及额定工况下，应能长期连续运行，其定子、励磁绕组和定子铁芯等的温升应不超过表A.3的规定。表中的温升基准为冷风温度40°C（水冷电机的除盐水除外）。如果冷风温度不是40°C，可参照GB/T 755进行修正。

表A.3　温升允许值

水轮发电机部件	不同热分级下的温升限值/K					
	130（B）			155（F）		
	红外法	电阻法	检温计法	红外法	电阻法	检温计法
空气冷却的定子绕组	—		85	—		110
定子铁芯	—	—	75	—	—	100
水直接冷却定子绕组的出水[a]	25	—	25	—	—	25
励磁绕组	—	90	—	—	115	—
不与绕组接触的其他部件	这些部件的温升应不损坏该部件本身或任何与其相邻部件的绝缘					
集电环[b]	75	—	—	85	—	—

注　[a] 此行温升数值参照入口冷却水温度。

[b] 红外法需要适当调整集电环抛光表面的发射率系数。此外，应注意，建议使用表中所示的温度值，以保证电刷上的温度不太高于100℃，这有利于水轮发电机和发电电动机中常用电刷的有效运行。任何集电环（滑环）、碳刷或碳刷装置的温升或温度不应损害该部件或任何相邻部件的绝缘。集电环（滑环）的温升或温度不应超过碳刷等级和集电环材料在整个工作范围内可适应电流的综合温升或温度，可以使用高温碳刷材料。在这种情况下，温升的允许值应由供需双方商定。

需方要求使用155（F）级绝缘系统但运行在130（B）级温度时，应采用130（B）温升限值。需方要求使用155（F）级绝缘系统但运行在130（B）级或更低温度时，温升不必根据GB/T 755按照额定电压来校正。

（2）轴承温度：水轮发电机在正常运行工况下，其轴承的最高温度采用埋置检温计法测量应不超过下列数值：

推力轴承巴氏合金瓦80℃。

推力轴承塑料瓦60℃。

导轴承巴氏合金瓦75℃。

座式滑动轴承巴氏合金瓦80℃。

温度传感器宜埋置在距离摩擦表面20～30mm深处。

（3）振动：机座振动，水轮发电机的机座振动按振动程度分成A、B、C、D四个区域，各区域的振动边界可按表A.4的推荐值设定。

表A.4　振动边界推荐值

区域边界	双幅振动值/mm
A/B	0.08
B/C	0.12
C/D	0.16

注　以上内容不作为水轮发电机的性能保证值，可以作为在线监控及继电保护的动作参考值。

表A.4中，振动值系指机组在除过速运行以外的各种稳定运行工况下的双幅振动值。各运行区域定义如下：

区域A：新交付使用机组振动通常在此区域内。

区域B：通常认为振动在此区域内的机组可以无限制地长期运行。

区域C：通常认为振动在此区域内的机组不宜长期持续运行，如有适当机会应采取补救措施。

区域D：通常认为在此区域内的振动已经非常严重，电机的持续运行时间由供需双方商定。

振动测试传感器的性能和安装布置按GB/T 28570执行。对高转速水轮发电机（$n_N \geqslant 300$r/min），在参照执行上述振动限值的同时，要求定子机座水平振速均方根值不超过4.5mm/s。

铁芯振动：对于立式电机，定子铁芯振动应按如下方式测量。

对于定子铁芯水平（径向）振动的测试，在定子铁芯高度的2/3平面处应布置至少2个传感器，每个传感器沿周向成90°，传感器应紧贴到铁芯上。在额定运行条件下，立式水轮发电机电机定子铁芯的振动不应超过表A.5中的位移或速度限值。

表A.5　定子铁芯振动边界推荐值位移或速度限值

工频/Hz	项　目	位移（双幅值）/mm	速度（均方根）/(mm/s)
50	100Hz的水平（径向）振动	0.03	6.7
60	120Hz的水平（径向）振动		8

对于卧式水轮发电机，表 A.5 中给出的限值可以作为参考，具体应由供需双方商定。

(4) 摆度：在正常大负荷（70%～100%输出功率下）运行工况下，水轮发电机导轴承处测得轴的相对运行摆度值（双幅值）应不大于 75%的轴承热态总间隙值。在启动、空载运行和部分负荷运行工况下水轮发电机导轴承处测得轴的相对运行摆度值（双幅值）应不大于 75%的轴承冷态安装总间隙值。

(5) 噪声：水轮发电机的噪声应在额定（或商定）负载条件下在以下位置进行测量：对于混凝土外壳中的立式机组，在发电机顶盖上方高 1m、距发电机顶盖外周 1m 远处测量。应在圆周上 6 个均匀分布的位置进行测量，以确定平均值。

对卧式电机，在距地面 1m 高、距机座 1m 处测量，共 6 点，驱动端 2 点，非驱动端 2 点，中间 2 点，如图 A.1 所示。测量结果取平均值。对于灯泡式电机：在发电机入口管道（检修井）上方 1m 处测量。

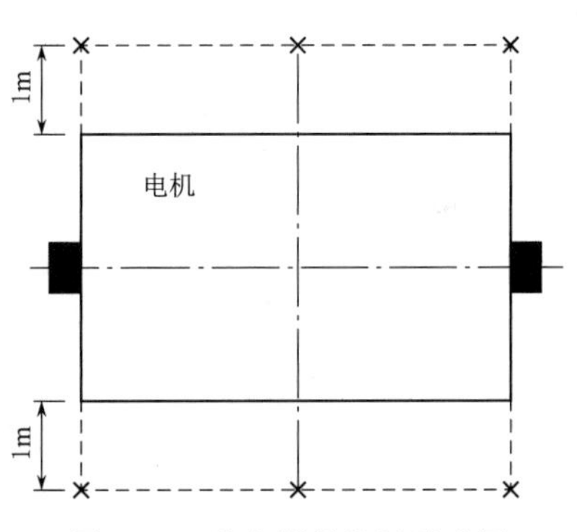

图 A.1　噪声测量位置示意图

对立式电机，噪声水平应满足：

额定转速为 200r/min 及以下者不超过 80dB (A)。

额定转速为 200r/min 以上 300r/min 及以下者不超过 82dB (A)。

额定转速为 300r/min 以上 400r/min 及以下者不超过 84dB (A)。

额定转速高于 400r/min 者不超过 85dB (A)。

对卧式电机，噪声水平应不大于 85dB (A)。

噪声的测定方法按 GB/T 10069.1 执行。

A.2　水轮发电机组相关试验

A.2.1　水轮发电机组稳定性试验

水轮发电机组稳定性是机组运行状态的重要指标，是表述机组在各种工况下运行的安全性能。为了掌握水轮发电机组在实际运行中各种工况的真实情况，有必要对水轮发电机组进行稳定性试验，以掌握机组的稳定运行范围，为电站机组的安全、经济运行提供依据。

水轮发电机组振动、摆度是水轮发电机组稳定运行的重要指标，也是旋转机械运行中的固有属性，它不仅影响机组的性能和寿命，而且直接影响机组的安全运行、负荷合理分配以及供电质量。据有关资料统计，水轮发电机组大部分的故障或事故都在振动信息上有所反映。由于压力脉动是机组产生振动、噪声的重要原因之一，也是衡量机组运行稳定性的重要指标。分析流体机械内部的压力脉动情况，能够有助于提高系统工作品质，达到降低振动、噪声的目的。下面给出常用的测量方法。

A.2.1.1　摆度测量

普遍应用电涡流传感器测量机组摆度。电涡流传感器分变间隙型及变面积型，其原理是探头端面与被测体间距离 δ 的变化，使传感器输出的电流或电压与之相应变化。在现场试验中测点安装要求及注意事项如下：

（1）被测体必须是金属导体。

（2）由于涡流式传感器线圈探头发出的磁场范围是一定的，若被测体面积小于探头线圈面积时，传感器灵敏度要下降，要求被测体与传感器相对应的面积为探头线圈直径的3倍以上。

（3）被测体材料的厚度要求：钢材大于0.1mm；铜、铝材料大于0.05mm。否则，灵敏度受到影响。

（4）传感器探头的敏感线圈轴线与被测体平面垂直度应控制在$\pm 2^\circ \sim \pm 3^\circ$以内。对灵敏度可忽略不计。

（5）传感器使用前需要进行静态特性和动态特性的校验，确保满足需求。

（6）传感器的支架应紧固在机组机坑上，支架的刚度应尽可能大，防止支架抖动产生的测量误差。

（7）传感器探头与被测面的安装间隙应尽可能接近零位，其与量程上、下限之差应远大于被测物体的单边摆度。

A.2.1.2　振动测量

普遍采用磁电式振动传感器来测量机组振动。该类型传感器依据电磁感应原理设计，传感器内部设置有磁铁和导磁体，对物体进行振动测量时，能将机械振动参数转化为电参量信号。磁电式振动传感器能应用于振动速度、加速度和位移等参数的测量，在测量时除注意安装传感器的一般要求外，应注意以下事项：

（1）水平振动传感器和垂直振动传感器在安装时必须分别保证传感器的水平度和垂直度，否则会产生测量误差。

（2）使用前应在标准振动台上标定传感器的输出特性，检验传感器是否满足测量要求。

（3）传感器基座必须与被测体连接稳固，通常是用磁力座安装在被测物表面。传感器与基座的连接要稳固、无松动，其周围环境应该无腐蚀性气体、干燥，环境温度与室温相差不大。

A.2.1.3 压力脉动的测量

安装时应注意以下事项：

（1）安装位置应尽量避免高温、磁场和振动的地方，以免影响测量精度。

（2）根据被测压力选择表的量程，通常传感器的量程要大于被测压力，量程大约为被测压力的1.25～1.5倍。

（3）选用压力表的自振频率应大于被测压力脉动频率两倍以上。

现场稳定性试验测点、现场测试项目及其试验设备见表A.6。

表A.6 现场测试项目及其试验设备一览表

测试项目	试验设备
机组转速、抬机量、上导、下导、水导摆度	电涡流传感器
蜗壳、尾水管压力脉动	压力传感器
各部位水平、垂直振动	低频振动传感器
数据采集、分析	硬件接口箱、工业控制机、电源

A.2.1.4 试验方法

试验程序根据每次试验的目的和要求选择试验工况。

（1）启动试验。在机组发出启动命令时即进行录波，直至机组转速达到额定值，机组各工况趋于稳定后，方可停止采集。

（2）变速试验。机组启动100%额定转速后，稳定运行短暂时间观察无异常情况允许继续做试验时，可降速到额定转速80%、60%后，再将转速升到额定转速的80%、100%或120%，记录各工况有关参数（至少需作3个工况点）。

（3）空载无励磁试验。机组在空载额定转速工况下，不给励磁电压，稳定运行0.5h以上，视各部位振动、摆度及压力脉动值的变化情况和变化规律。

（4）空载有励磁试验。机组从额定转速工况（空转工况）开始，按照空载额定励磁电流的25%、50%、75%、100%逐渐增加励磁电流，每阶段保持3～5min。

（5）变负荷试验。从空载开始（负荷为0）按照额定负荷的25%、50%、75%、100%逐渐增加负荷，每个负荷至少稳定5～10min后再进行数据采集，当负荷进入振动区时，可避开振动区，选择振动稳定的相近负荷代替或取消此负荷点的测量。

A.2.1.5 试验分析

对于机组的稳态工况和暂态工况运转下的振动测量，通常需要通过信号分析获得信息。为确定振动的剧烈程度，需测量总体振动水平，即一般所谓的振幅值，如通频值或振动总量；为寻找振动故障的起因和根源，应知道振动分量的频率成分；为判断故障的性质，应对振动的时域波形、轴心轨迹、涡动方向等进行分析；为识别机组故障，相位关系是关键参数，包括同频和二倍频的相位，还可用来判断不同振动参量间的相关性；为全面深入探究复杂的振源特征，需要测量转子中心位置、动平衡、各典型频率分量下的幅值、振动激扰力特征等。振动信号一般是稳态的、随机的、可以重复获得的，但随着运行工况和状态参数的变化，振动量也会随时间变化，尤其是在机组故障快速发展和状态突变时。环境和外界作用的变化应及时记录，作为故障诊断的参考。振动信号的分析一般包括振幅分析、振频分析、相位分析等。

1．振幅分析

根据《水力发电厂和蓄能泵站机组机械振动的评定》（GB/T 32584）推荐的算法，振动摆度峰峰值计算，采用97%置信度融合平均时段法，每个时段至少包含8个旋转周期。其计算方法如下：

（1）选取计算区间。以键相信号为起点，选取包含8个旋转周期的数据为一个计算区间。下一计算区间为右移一个旋转周期（即包括本计算区间的后7个旋转周期及后紧接着该计算区间的1个旋转周期），依次类推。

（2）计算区间内的峰峰值。对计算区间内的数据进行97%置信度分析，计算97%置信度后的最大值与最小值之间的差值，为该计算区间的峰峰值。

（3）时段内的峰峰值。时段内所有计算区间的峰峰值的平均值为该时段内的峰峰值。压力脉动峰峰值计算方法，在选定的计算时间范围内，对压力脉动原始波形进行97%或95%置信度计算。

2．振频分析

（1）主频及各种频率的确定。振动波形中的主频是指在频谱密度曲线上幅值最大值对应的频率，与机组转速相对应的频率称为转频。对原始波形进行FFT分析计算，可以得到各频率成分及其幅值。在对原始波形进行FFT计算时，待分析的原始波形包含的时间段应足够长，以保证最低频率能够被分析出来。

（2）频率变化规律分析。在水轮发电机组稳定性试验中，围绕水力、电气和机械等方面的原因所引起的振动频率各不相同，分析时应掌握频率的变化规律。首先要观察转频的振动值，然后观察额定转速工况给励磁前后频率和幅值的变化，在变负荷过程中观察频率中是否有因水力因素导致的主频改变或出现某种附加的振频，如与空蚀、卡门涡、流道开口不均、尾水管涡带等因素有关的频率等，掌握频率变化规律是分析振源的重要条件之一。

3．相位分析

结合振动幅值，分析振动相位，对振动的认识从标量上升到矢量，使振动分析更全面、更准确。对于频谱相似、幅值变化不明显的故障，利用相位进行区别，具有一定的指导意义。由于影响水轮发电机组运行稳定性的因素很多，使被测信号在不同工况下各不相同。在机组启动到额定转速无励磁工况过程中，除轴线因素外基本上是质量不平衡力决定着各被测信号的相位。给励磁电流的空载额定转速工况，则由质量不平衡力和不平衡电磁力的合成矢量决定被测信号的相位。随着带负荷增加，导叶开度增大，水力不平衡力逐渐增大，与前述因素叠加，其合成矢量决定振幅的方向。机组不同部位受到干扰力的性质和影响不同，不同部位所测的振动相位亦不相同。干摩擦、联结螺丝松动、各导轴承不同心等故障也会影响被测信号的相位和变化规律，每次测量结果须针对具体问题进行分析。

（1）利用相位区别不平衡、偏心和弯曲转子的故障。不平衡转子、偏心转子和弯曲转子都能引起较大的振动，这些故障的频谱图非常相似，以振动幅值和谱图很难区分这 3 种故障，但是依据振动相位加以区别，就使问题变得相当简单和轻松。

对于双支承转子，若同一轴承上水平方向与垂直方向振动相位差 90°（±30°），内侧轴承与外侧轴承水平方向振动的相位差接近垂直方向振动的相位差，则转子为不平衡故障；对于悬臂转子，如果支承转子的两轴承的轴向相位近似相等（差值小于±30°），则说明悬臂转子不平衡。

偏心转子同一轴承上水平方向与垂直方向振动相位差约为 0°或 180°。这里所说的偏心转子指的是轴的中心线与转子的中心不重合的转子，也就是说旋转体的几何中心与旋转轴心存在偏心距。

弯曲轴的两个轴承之间的轴向方向相位变化接近 180°，这与弯曲的程度有关。对同一轴承不同点的轴向方向做若干测量，通常会发现在轴承的左侧和右侧测量的相位之间发生接近 180°的相位差，在同一轴承的上侧与下侧测量的相位之间也发生接近 180°的相位差。

（2）利用相位诊断联轴器不对中故障。判断不对中故障最有效的方法是评定联轴器两侧的振动相位，当联轴器两侧的相位差接近 180°［±（40°～50°）］时，则说明是联轴器不对中故障，不对中程度越严重，相位差越接近 180°。为了准确诊断，应该比较联轴器两侧轴承座的水平、垂直和轴向 3 个方向的相位差，如果两根轴水平方向对中良好，而垂直方向对中不良，则这两个方向的相位差差别较大。

当联轴器不对中时，支承联轴器任一侧转子的两个轴承径向方向的相位差接近 0°或 180°（±30°）；在比较水平方向与垂直方向相位差时，大多数联轴器不对中故障则表现为垂直方向与水平方向之间的相位差接近 180°，也就是说，如果支承联轴器任一侧转子的两个轴承之间水平方向相位差为 50°，则大多数联轴器不对中转子的垂直方向相位差约为 230°。这是联轴器不对中故障与不平衡故障在相位方面的最大区别。

振动变化在故障诊断中有很重要的作用，同样，在诊断不对中故障时，注意相位的变化，可提高诊断的准确率。对于不对中转子，如果设备从室温开始升速，开始时，它应该显示不对中的征兆，当设备完全达到运行温度时不对中征兆便消失，如联轴器两侧的相位差开始应该为150°<180°，最后可降到接近0°～30°。

（3）利用相位诊断轴承偏转故障。当滑动轴承或滚动轴承不对中或是卡在轴承上时，可引起大的轴向振动。此时，利用振动幅值或频谱进行诊断往往不能奏效。如果在一轴承彼此间隔90°的4个点的轴向方向测量相位，上下或左右的相位差为180°，则说明该轴承偏转或者说是卡在轴上。

（4）利用相位确定转子的实际临界转速。转子在升速或者降速过程中，利用振动幅值可以确定转子的临界转速，利用振动相位的变化也可以确定转子的临界转速。当机器通过临界转速时，在临界转速处振动相位精确变化90°，直到不能再放大为止，相位变化继续变到180°。

（5）利用相位区别机械松动故障。结构框架或基础松动包括以下4种不同的故障：①结构松动或机器底脚、基础平板和混凝土基础弱；②变形或破碎的砂浆；③框架或基础变形；④地脚螺栓松动。这些类型的松动，由于具有与不平衡或不对中故障几乎相同的振动频谱，因此，常常被误诊为不平衡或不对中，只有仔细观察相位特性，才能加以区别。

比较每个轴承座的水平和垂直方向相位时，如果振动非常定向，同时相位差为0°或180°，则说明是松动故障，而不是不平衡。此时，将测量从轴承座下移到底脚、基础平板、混凝土和周围地板上，利用大的相位变化，可以确定故障所在。

A.2.2 水轮发电机组噪声测量

根据国际标准化组织（ISO）振动、冲击与状态委员会（TC 108）颁布的相关标准，噪声定义为：

（1）任何令人不愉快的或不希望有的声音。

（2）其频谱不能用确定的频率分量来描述，并具有随机特性的声音。

噪声也可以包括不希望有的随机性质的电振荡，如噪声的性质不明确时，可用声噪声或电噪声表示。若未来任何一给定时刻，不能预先确定的噪声瞬时值称为随机噪声。

机械设备中噪声起因机械设备中的噪声主要分为三种：空气动力性噪声、机械性噪声和电磁性噪声。

空气动力性噪声：由气体振动所产生的，如混合气体的燃烧声，如气管排气声、气体与高速机械的摩擦声等。

机械性噪声：由固体振动产生，如轴承、齿轮、金属撞击等。

电磁性噪声：由电磁感应引起交变力而产生，如转子定子间吸力、电磁与磁场间相互作用、磁致伸缩引起的铁芯振动等。

1. 噪声的技术参数

(1) 声压、声压级。当有声波传播时，使空气压强时而增高时而降低。空气压强与没有声波传播时的静压强 $P_O{}'$ 产生压强差，此压强差称为声压强，简称声压，其值大小为声波动压的有效值，即均方根值为 $P=\sqrt{(P\_1^2+P\_2^2+\cdots+P\_n^2)}$。

声压的单位是 Pa，过去也常用 μbar 为单位，1Pa=0.9869×10⁻⁵ 大气压；1Pa=10μbar。一般人耳的听觉范围为 2×10⁻⁴～103μbar。

用声压的对数来表示声音的强弱称为声压级。一个声压级的单位为 dB。其计算公式为

$$LP=2O\times \lg P/P_O$$

式中 P——声音的声压；

P_O——基准声压，定为 2×10^{-4}μbar，是频率为 1000Hz 的听阈声压。

人的听觉范围相当于声压级 0～130dB。

(2) 声强、声功率、声强级、声功率级

声强是在声音传播的方向上，单位时间内通过单位面积的声能量，单位是 W/m²，用 I 表示。

声功率是声源在单位时间内辐射出的总声能，单位是 W。

声强级和声功率级分别表示声强和声功率大小的级别，单位仍是 dB，其计算公式为

$$L_1=10\times \lg I/I_0$$

$$L_W=10\times \lg W/W_0$$

式中 I_0——基准声强，$I_0=10^{12}\,\mathrm{W/m^2}$；

W_0——基准声功率，$W_0=10^{-2}\,\mathrm{W}$；

I——声强；

W——声功率；

L_1——声强级；

L_w——声功率级。

(3) 响度和响度级。人对声音的感受不单与声压有关，还与频率有关。对于声压级相同而频率不同的声音人感觉则不一样；而人感觉一样响的声音其声压级与频率却往往都不相同。因此以频率为 1000Hz 的纯音为比较的基准来定噪声的响度级，单位为方（phon）。当某噪声听起来与频率为 1000Hz、声压级为 XdB 的基准声一样

响时，此噪声的响度级就定为 Xphon。

响度级是一个相对量，响度是用绝对值表示的量。用声压为40dB的纯音所产生的响度作为一个响度单位，称之为宋（sone）。若一个声音的响度是 Ysone，说明它为以上纯音响度的 Y 倍。

响度与响度级之间的关系为

$$\lg L = 0.03LL - 1.2$$

式中　L——响度；

LL——响度级。

当响度级为40phon时，响度为1sone；当响度级为50phon时，响度为2sone；当响度级为60phon时，响度为4sone；当响度级为70phon时，响度为8sone。

（4）噪声频谱。由不同噪声源所产生的噪声频率和强度均不相同，要消除噪声，必须分析主噪声源和所有原因引起的噪声所占的比重。因此，在测量过程中必须做噪声的频谱分析。一般噪声频谱图均为以频率为横坐标，以声压级（或声强级或声功率级）为纵坐标而绘制出噪声的测量图。

在整个可闻声的频率范围20～20000Hz范围内，一般按倍频程和1/3倍频程划分为几个频段，倍频程的上下限频率的比值为2∶1，即 $f_2=2f_1$，选 f_1 和 f_2 的比例中项作为 f_1 至 f_2 频段的中心频率。若将此倍频程再分3份，则叫1/3倍频程。按这些频程可制成各种频谱分析仪，对所测得的噪声进行频谱分析，可得到噪声频谱图。常用的可闻声倍频程范围见表A.7。

表A.7　常用的可闻声倍频程范围

中心频率/Hz	3.15	63	125	250	500	1000	2000	4000	8000	16000
频率范围/Hz	22～45	45～90	90～180	180～355	355～710	710～1400	1400～2800	2800～5600	5600～11200	11200～22400

2. 噪声测量方法

噪声测量一般是声压级测量，其测量原理是将声压转换成电压后测电压的变化，表示噪声的大小。因此，必须用声电传感器和声级计来测量。若配用频潜分析仪，可进行频谱分析。数字式声级计还可通过适当的模/数转换器，将模拟量转换成数字量并进行数字显示。声压计测量框图如图A.2所示。

噪声的测量方法因被测对象不同和测量要求不同而有不同。例如，若从环保角度出发，则应将测点布置在需要了解的位置上；若从劳保的观点出发，测点应安置于工作人员工作位置附近；若测量噪声源的噪声辐射情况，测点应布置在噪声源四周等。实测时，应注意以下方面的问题：

（1）要考虑噪声源的非均匀辐射及仪器的指向性特性，在测量高频时，传感器灵敏度受被测声的入射角影响较大。因此在布置测点时，一般在声源四周至少布置四个测点，若是较均匀辐射，则取其测点的算术平均值，若是非均匀辐射，则以噪声最大值代表其最大噪声。若相邻的两测点的测量值相差超过5dB时，应在其间增补测点，并做出噪声在各个方面的分布图，测出其指向性特性。

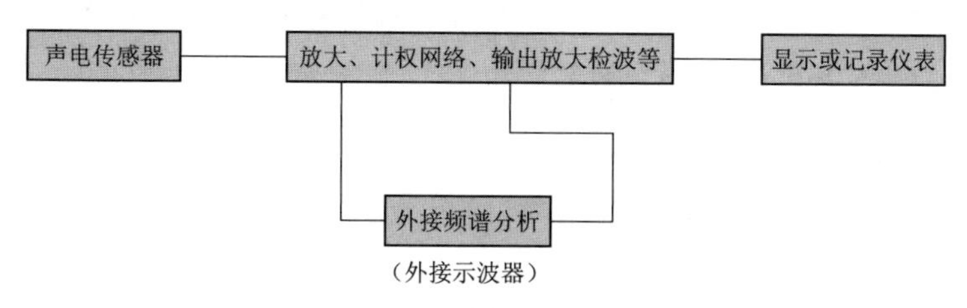

图 A.2　声压计测量框图

（2）测量中注意防止或尽量减少其他声源的干扰，如反射面、电磁场、温度、湿度、风向等影响。尽量距离反射面较远，以测量者尽量远离为好。

（3）注意环境噪声对测量结果的影响。当被测噪声源的A声级及各频带的声压级比环境噪声级高10dB以上时，可不进行修正，否则应在被测值中减去修正值。在被测噪声比环境噪声大3～10dB时，按下进行修正。若两者差小于3dB时，则必须降低环境噪声。

（4）测量前应对传声器及声级计进行校验。

附录B　水轮发电机组的主要故障类型及原因（资料性附录）

水轮发电机组作为水电站的核心设备，其长期安全稳定运行对于电力系统的可靠性至关重要。然而，由于各种因素的影响，水轮发电机组在运行过程中可能会出现各种故障。下面将详细阐述水轮发电机组的主要故障类型及其原因，并探讨这些故障对机组性能和可靠性的影响。

B.1　水轮发电机组常见的故障类型和表现形式及原因

水轮发电机组的故障类型多样，一般归纳为机械、电气和水力三方面的故障，以下是一些常见的故障类型表现形式及主要原因。

B.1.1　机械故障

B.1.1.1　类型及表现形式

水轮发电机组的机械部分在长期运行过程中，由于各种因素的影响，可能会出现多种故障。了解这些常见的机械故障类型及其表现形式和主要原因，对于及时发现和处理问题，保障机组的安全稳定运行具有重要意义。

1. 主轴故障

（1）主轴弯曲。

表现形式：机组在运行时振动加剧，轴瓦温度升高，可能伴有异常噪声。

主要原因：制造缺陷、安装不当、长期运行疲劳、突发的冲击载荷等。

（2）主轴磨损。

表现形式：主轴表面出现磨损痕迹，配合间隙增大，导致机组运行不稳定。

主要原因：润滑不良、异物进入、长期摩擦等。

2. 轴承故障

推力轴承故障。

表现形式：推力瓦温度过高，甚至出现烧瓦现象，机组轴向位移增大。

主要原因：推力瓦面不均匀磨损、油质劣化、冷却系统故障等。

3. 导轴承故障

表现形式：导轴瓦温度升高，机组摆度增大，振动加剧。

主要原因：瓦间隙调整不当、油膜破坏、轴电流侵蚀等。

4. 转轮故障

(1) 转轮叶片断裂。

表现形式：机组振动剧烈，输出功率骤降，可能伴有强烈的冲击声。

原因：叶片材质缺陷、应力集中、疲劳损伤、异物撞击等。

(2) 转轮叶片裂纹。

表现形式：在叶片表面或内部出现裂纹，逐渐扩展。

主要原因：交变应力、焊接缺陷、腐蚀等。

5. 转轮与主轴连接松动

表现形式：机组振动增大，转轮与主轴的同心度偏差加大。

主要原因：连接螺栓松动、键配合失效等。

6. 水轮机密封漏水

表现形式：水轮机轴端或其他密封部位出现大量漏水，影响机组的正常运行和厂房环境。

主要原因：

(1) 密封件磨损：长期运行导致密封件老化、磨损。

(2) 密封间隙过大：安装或检修不当，使密封间隙超过允许值。

(3) 水压过高：水轮机内部水压过大，超过密封装置的承受能力。

7. 水轮机导叶漏水

表现形式：导叶关闭后，仍有水流通过，导致机组无法停机或停机缓慢。

主要原因：

(1) 导叶密封损坏：密封材料老化、磨损或损坏。

(2) 导叶轴套磨损：导叶轴与轴套之间间隙增大。

(3) 导叶关闭不严：导叶的机械调整不当或存在卡涩现象。

(4) 调速系统故障

8. 调速器机械部件卡涩

表现形式：调速器动作不灵活，无法准确调节机组转速。

主要原因：油质不洁、部件磨损、锈蚀等。

9. 接力器故障

表现形式：接力器动作迟缓、漏油，影响调速系统的响应速度和精度。

主要原因：密封件老化、缸体磨损。

B.1.1.2 典型案例分析

1. 某电站机组水导瓦烧毁故障

事故经过：某电站机组带260MW并调功运行，机组瓦温保护信号投入，水导外循环泵2号运行，1号备用。监控报“机组水导轴瓦温高报警1动作”信号，水导轴瓦温度升高至70℃。运行人员发现水导瓦异常升高后，立即将机组负荷转移至其他机组并停机，停机过程中水导瓦温度升至105℃。

水导瓦损毁情况：机组水导瓦全部烧毁，返厂维修，损毁情况如图B.1所示。

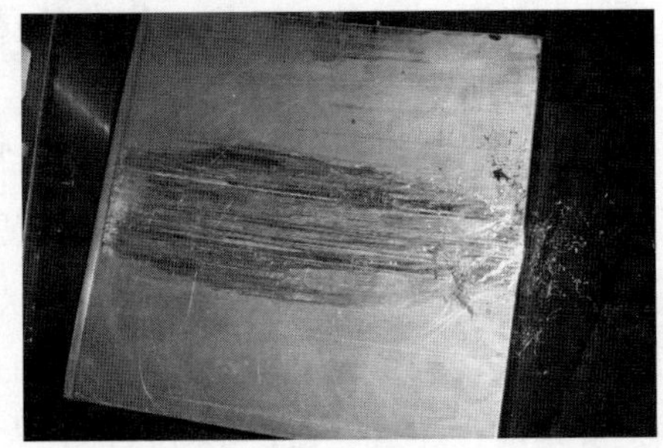

图B.1 水导瓦损毁情况

故障原因：水导轴承外循环油泵电机动力电源保险熔断，虽显示油泵启动正常，但实际未打上油，备用泵也未能启动。水导油槽因缺油运行，导致轴瓦烧毁。

2. 某电站机组主轴密封漏水

故障现象：机组主轴密封水箱盖处大量冒水，顶盖水位快速上涨，顶盖水位上涨至顶盖回油箱盖板上部，两台顶盖排水泵同时启动，检查顶盖回油箱透平油呈混浊状态，水分超出国标14倍。

原因分析：

（1）机组主轴密封压力水管存在老化破损现象，进入压力腔的流量以及压力均降低。

（2）主轴密封浮动环弹簧压缩量不够，导致主轴密封浮动环受力不均匀，浮动环受到的向下压力小于润滑水作用于浮动环的向上的压力。

B.1.2 电气故障

水轮发电机组是水电厂的核心设备，其稳定运行对于电力生产至关重要。电气系统作为水轮发电机组的重要组成部分，可能会出现各种故障，影响机组的正常运行。

B.1.2.1 类型及表现形式

1. 定子、转子绕组绝缘损坏

表现形式：定子、转子绕组对地绝缘电阻降低，可能导致接地故障，引起保护装置动作跳闸。在运行中，可能会出现定子绕组局部放电现象，严重时会产生电弧，损坏绕组绝缘。

主要原因：长期运行导致绝缘老化、绕组受潮、机械损伤、过电压等。

2. 定子绕组短路

表现形式：定子电流增大，三相电流不平衡，机组振动加剧，可能伴有异常噪声。短路严重时，会迅速烧毁绕组。

主要原因：定子绕组绝缘破损、绕组间异物短路、制造工艺不良等。

3. 定子绕组断路

表现形式：定子电流减小，输出功率降低，机组转速可能不稳定。

主要原因：绕组接头焊接不良、机械外力导致绕组断裂等。

4. 转子绕组短路

表现形式：励磁电流增大，无功功率输出减少，机组可能出现过热现象。

主要原因：匝间绝缘破损、绕组变形等。

5. 转子绕组断路

表现形式：励磁电流消失，机组无法建立磁场，无法正常发电。

主要原因：绕组接头断开、导线断裂等。

B.1.2.2 典型故障案例分析

案例：某电站发电机定子线棒直流耐压击穿

事故经过：机组C级检修作电气预防性试验，发电机定子绕组泄漏电流和直流耐压试验中，B相升压至约20kV出现放电现象，试验电压急剧降低，放电部位在中性点附近，有明显放电声。用5000V绝缘测试仪测试B相绝缘，升不起压，出现贯穿性放电接地。

检查情况：42号槽上层线棒R弯处主绝缘击穿。如图B.2所示。

图B.2 主绝缘击穿

原因分析：结合定子绕组局部放电在线检测的数据和趋势分析，该线棒本身的绝缘缺陷是主要原因；粉尘吸收装置未投用、前期推力轴承长期甩油、机坑内加热器未投用、风洞无排风设施等综合形成的较恶劣的运行环境是导致绝缘劣化的重要原因。

B.1.3　水力故障

水轮发电机组在运行过程中，除了机械和电气故障外，水力方面也可能出现各种问题，影响机组的正常运行和发电效率。以下将详细介绍水轮发电机组常见的水力故障类型及表现形式。

B.1.3.1　类型及表现形式

1. 水轮机汽蚀

表现形式：水轮机过流部件表面出现蜂窝状、海绵状或鱼鳞状的破坏，金属表面粗糙，甚至出现穿孔。运行时可能伴有异常噪声和振动。

主要原因：水轮机在偏离最优工况运行时，局部压力降低至汽化压力，产生气泡，随后在高压区气泡溃灭，造成冲击和破坏。此外，水中含气量过高、水流速度过大等也会加剧汽蚀。

2. 水轮机振动

（1）明显振动。表现形式：机组整体或局部出现明显的振动，振动幅度超过允许值。可能导致连接部件松动、机组零部件损坏，同时会产生较大的噪声。

主要原因：

1）水力不平衡：转轮叶片设计或制造缺陷，导致水流不能均匀作用在转轮上。

2）尾水管涡带：在特定工况下，尾水管内形成不稳定的涡带，引起压力脉动。

3）卡门涡列：当水流绕过某些障碍物时，会产生周期性的漩涡脱落，导致振动。

4）机组中心不正：安装或检修时，水轮机和发电机的轴线不一致。

5）轮机出力不足。

（2）输出功率低于设计值。表现形式：机组实际输出功率低于设计值，无法满足发电需求。

主要原因：

1）过流部件磨损：长期运行导致转轮、导叶等部件磨损，水力效率降低。

2）流道堵塞：杂物进入流道，减小过水面积。

3）水头损失增大：引水系统或尾水系统存在问题，增加了水头损失。

4）导叶开度不足：调速系统故障或控制参数设置不当，限制了导叶的开启。

3. 尾水管压力脉动

表现形式：尾水管内压力周期性变化，可能引起机组振动、噪声增大，甚至影响机组的稳定性。

主要原因：

（1）转轮出口水流不均匀：转轮设计不合理或运行偏离最优工况。

（2）尾水管形状不合理：尾水管的几何形状不符合水流特性。

B.1.3.2 典型故障分析

故障：某电站机组转轮叶片贯穿性裂纹

故障表象：水轮机共13片叶片，其中9片叶片有不同程度的裂纹。裂纹情况见表B.1。

表B.1　　　　裂　纹　情　况

叶片编号	检测位置	缺　陷　情　况	UT测量未贯穿部分最深深度
#1	出水端上冠焊接部位	4个气孔	
#2	出水端上冠焊接部位	8个气孔	
#3	出水端上冠焊接部位	背水面1条长约42mm的未贯穿裂纹；5个气孔	31.6mm
#4	出水端上冠焊接部位	1条贯穿裂纹，迎水面长约28mm，背水面长约92mm；大量密集气孔	35.6mm
#5	出水端上冠焊接部位	1条贯穿裂纹，迎水面长约47mm，背水面长约100mm；大量密集气孔	51.7mm
#6	出水端上冠焊接部位	5个气孔	
#7	出水端上冠焊接部位	背水面1条长约40mm的未贯穿裂纹；大量密集气孔	22.8mm
#8	出水端上冠焊接部位	1条裂纹，长约10mm；大量密集气孔	
#9	出水端上冠焊接部位	1条贯穿裂纹，迎水面长约30mm，背水面长约85mm；2个气孔	56.9mm
#10	出水端上冠焊接部位	1条裂纹，长约20mm；8个气孔	
#11	出水端上冠焊接部位	1条贯穿裂纹，迎水面长约170mm，背水面长约260mm；4个气孔	48.6mm
#12	出水端上冠焊接部位	5个气孔	
#13	出水端上冠焊接部位	1条裂纹，长约100mm；大量密集气孔	

处理过程：

（1）点状缺陷修复：将转轮叶片上的铸造夹杂点，用砂布抛光轮打磨去除。局部未能去除的，允许用角向砂轮磨平，然后抛光。如打磨深度超过2mm，需用氩弧焊（TIG，焊丝用G367L不锈钢焊丝，焊接电流90～120A，无需预热和后热）补焊平整，然后磨平抛光。

（2）非贯穿裂纹处理：从缺陷外侧布置电加热片进行预热（或用燃气火焰加

热)，保温材料覆盖，预热温度不低于100℃，用角向砂轮将缺陷去除，PT确认缺陷已经清除干净，保持预热温度不低于100℃，再从里向外用焊条进行补焊，焊条用G367M，多层多道焊，层间温度175℃。补焊若干层，视磨削深度而定。表面补焊高度多出1～2mm，然后修磨焊缝随形平滑过渡。

（3）贯穿裂纹处理：沿裂纹进行气刨和铲磨，获得近似“U”形的焊接坡口，坡口底部与两侧应平滑过渡不允许有尖角、渗碳和淬硬层，其单面坡口深度约为所处截面厚度的三分之二，补焊坡口深度过半时再修复另一面。在裂纹补焊过程中严格执行焊前预热、焊中保温、焊后后热的工艺要求，焊层接头之间有错位，每焊一道，清渣一次并检查，发现缺陷及时清除，除打底和盖面外，每焊一层都进行消应处理。

原因分析：长时间低水头、低负荷运行，机组运行记录统计见表B.2。

表B.2　　机组运行记录

月份	机组启停次数	超低负荷（0～10MW）	50%以下	50%～70%	总运行小时数/h
2008.2	21	50	28	83	309
2008.3	7	8	11	49	218
2008.4	7	2	1	84	671
2008.5	13	23	6	127	702
2008.6	22	47	5	72	672.5
2008.7	17	32	3	47	673
2008.8	27	136	7	80	704.5
2008.9	28	73	12	169	606
2008.10	35	80	17	195	566
2008.11	40	75	3	42	486
2008.12	26	36	3	232	373.5
2009.1	38	71	5	255	529.5
2009.2	32	44	2	241	482
2009.3	24	20	7	50	147
合计	337	697	110	1726	7140

防范措施：

（1）优化机组运行工况，避免机组长时间低水头、低负荷运行。

（2）利用检修时间，对叶片出口与上冠及下环过渡区进行修型。

（3）进行现场实测，包括动应力测量，以检查转轮在不同工况下的应力情况。找出机组不稳定特性，以指导机组安全稳定运行。

水轮发电机组的水力故障多种多样，且相互影响。准确判断和及时处理这些故障，对于提高机组的运行效率、延长使用寿命和保障电力生产的稳定性至关重要。在实际运行中，应加强监测和维护，优化运行方式，以减少水力故障的发生。同时，不断提高技术水平和管理水平，确保水轮发电机组的安全、高效运行。

以上列举的故障类型及其表现形式需要通过定期监控、检查和维护来预防和及时处理。对于水轮发电机组而言，实施科学的运行管理、保养维护计划以及故障诊断技术是确保其稳定运行和延长使用寿命的关键措施。

B.2 故障产生的主要原因和影响因素

水轮发电机组故障产生的原因及影响因素是多方面的，可以从机械、电气、水力、环境和操作维护等多个维度来探讨。以下详细分析这些原因及其影响因素：

1. 机械原因及影响因素

机械故障通常与机组的设计、制造、装配和运行有关。

设计缺陷：如果水轮发电机组的设计没有充分考虑到实际运行中的负荷、水流条件和环境因素，可能会导致设计上的缺陷。

制造质量：制造过程中的加工精度、材料选择和热处理等都会影响部件质量。

装配精度：装配不当可能造成部件之间的不必要应力，导致早期损坏。

材料疲劳：机组长期运行中，材料的疲劳老化可能引发裂纹和断裂。

轴承负荷：不适当的轴承负荷和润滑条件可能导致轴承过早损坏。

2. 电气原因及影响因素

电气故障通常关联发电机绕组、励磁系统以及电刷和滑环等部件。

绝缘老化：发电机绕组的绝缘材料随时间老化，可能引起短路或接地故障。

电压波动：电网侧的电压波动可能导致励磁系统故障。

电流过载：超出设计的电流负荷会造成绕组过热，加速绝缘老化。

电刷磨损：不良的电刷材质或结构设计可能导致电刷过度磨损。

外界干扰：如电磁干扰可能会影响控制系统的正常工作。

3. 水力原因及影响因素

水力故障通常与水流条件、水质以及水轮机本身的水力设计有关。

泥沙磨损：河流中携带的泥沙对涡轮叶片等过流部件造成磨损。

水流条件：非设计工况下的水流条件（如流速、流向）会影响水轮机性能。

导叶调节：导叶如果不能正确调节，可能导致水轮机效率下降。

水流通道堵塞：进水通道的堵塞会阻碍水流，影响水轮机的功率。

4. 环境原因及影响因素

环境因素包括温度、湿度、水质等，它们间接或直接地影响设备的可靠性。

温度变化：温度循环变化可能导致材料膨胀和收缩，增加部件磨损。

湿度：高湿度环境可能导致设备锈蚀，降低绝缘性能。

水质污染：水质恶化会增加水轮机内部零件的腐蚀和磨损。

5. 操作维护原因及影响因素

人为的操作和维护对水轮发电机组的正常运行至关重要。

操作不当：不按照规定程序操作可能给机组带来额外负荷，引起故障。

维护不足：缺乏定期检查和维护会导致小问题发展成大故障。

维修质量：维修时使用的材料和工艺不达标可能导致机组再次出现故障。

监测缺失：没有有效的监测系统可能导致无法及时发现和预防故障。

6. 其他影响因素

除了上述因素外，还有其他一些外部因素可能导致故障。

自然灾害：地震、洪水等自然灾害可能导致设备损坏。

制造和安装误差：制造和安装过程中的误差可能影响机组的对准和平衡。

总之，水轮发电机组的故障原因是多方面的，涉及设计、制造、运行、维护和外部环境等多个方面。要确保机组的稳定运行，必须全面考虑这些因素，并采取相应的预防措施。通过持续监测、定期维护和及时修复，可以显著减少故障发生的概率，延长设备的使用寿命，保障电力系统的可靠性。

B.3　故障对机组性能和可靠性的影响

水轮发电机组的故障对机组的性能和可靠性产生深远的影响。不仅会导致经济效益的直接损失，还会影响电力供应的稳定性和社会运行的安全性。以下是详细探讨这些故障对机组性能和可靠性的影响。

1. 对机组性能的影响

（1）功率和效率下降：故障发生时，无论是水力部件、电气部分还是机械部件，往往直接导致发电机组的功率输出下降。例如，涡轮叶片磨损会增加水头损失，降低水流能量转换效率，从而减少发电量。电气故障如发电机绕组绝缘损坏，可能引起电流绕过磁路，降低输出电压和功率。

（2）增加运营成本：故障会使得机组的维护成本上升。更换零部件、停机维修和额外的能源消耗都增加了生产的间接成本。另外，频繁的故障和维修还可能导致设备提前进入大修期，进一步增加支出。

（3）出力波动：控制系统或调速器故障可能导致出力波动，难以维持电网频率和电压的稳定，影响电能质量。

（4）启动和负载调节困难：例如，导叶调节失灵可能导致水轮机无法在变化负荷下调节水量，影响机组响应负载变化的能力，降低系统的调度灵活性。

（5）热量和磨损问题：诸如轴承损坏、冷却系统不畅等故障，可能导致机组过热，加速其他正常部件的磨损，形成恶性循环。

2. 对机组可靠性的影响

（1）减少平均无故障运行时间故障频发的机组意味着其平均无故障运行时间缩短，设备可靠性下降，需要更频繁地进行检查和维护。

（2）增加突然停机的风险：某些严重故障如轴弯曲、绝缘破坏等可能导致机组突然停机，这不仅会减少电厂的发电量，还有可能给电网造成冲击，影响广大用户的用电稳定性。

（3）维修时间加长：一些复杂故障的修复可能需要专门制造的零部件，这会使得维修时间变得很长，进而影响电力供应的连续性。

（4）安全隐患：故障可能导致设备出现异常运行状态，如振动、渗漏、过热等，这些不仅加速设备损耗，还可能引发事故，威胁到操作人员和周围环境的安全。

（5）影响设备寿命：频繁的故障和维修工作会加速设备的老化过程，缩短机组的整体使用寿命。

3. 社会经济影响

（1）电力供应中断：机组故障导致的发电中断会影响工业、商业和居民的电力供应，对生产和生活造成不便，严重时甚至可能影响到生命财产安全。

（2）经济损失：发电企业的直接经济损失包括减少的发电收入、增加的维修费用以及潜在的赔偿成本。间接损失可能包括电力用户因供电中断而导致的经济损失。

（3）社会责任与信任：频繁的故障和供应不稳定可能会损害电力企业的公众形象，影响社会对企业的信任度，对长期的业务发展不利。

B.4 总 结

为了减轻或避免上述故障对机组性能和可靠性的影响，建议电力企业在状态监测和故障诊断技术方面加大投资力度，建立全面和定期的检查、维护和更新计划。通过预防为主、定期维护的方式，可以显著提升设备的运行效率和可靠性，确保电力供应的稳定性，同时也能为企业带来更好的经济效益和社会信誉。在现代电力系统中，水轮发电机组作为重要的清洁能源供应商，保障其高效可靠运行是实现能源安全和可持续发展的重要环节。

附录C　水轮发电机组状态评价表（资料性附录）

子单元	可维修单元/部件	故障模式	劣化分值标准
压力钢管	伸缩节	锈蚀	表面油漆完好，劣化度等级为1级； 表面油漆脱落，劣化度等级为2级； 金属表面产生氧化皮，劣化度等级为3级； 金属表面氧化皮脱落，劣化度等级为4级
压力钢管	管道	锈蚀	表面油漆基本完好，劣化度等级为1级； 表面油漆脱落，劣化度等级为2级； 金属表面产生氧化皮，劣化度等级为3级； 金属表面氧化皮脱落，劣化度等级为4级
压力钢管	管道	局部空蚀	无空蚀发生，劣化度等级为1级； 轻微空蚀，深度小于1mm，劣化度等级为2级； 中等空蚀，深度1～3mm，劣化度等级为3级； 空蚀严重，深度超过3mm，劣化度等级为4级
压力钢管	管道	脱空/鼓包	无脱空，劣化度等级为1级； 脱空面积 $\leqslant 0.04m^2$，劣化度等级为2级； $0.04m^2 <$ 脱空面积 $\leqslant 0.25m^2$，劣化度等级为3级； 脱空面积 $> 0.25m^2$，劣化度等级为4级
压力钢管	管道	裂纹	表面、焊缝无裂纹，劣化度等级为1级； 表面、焊缝有裂纹，劣化度等级为4级
尾水管	进人门	裂纹	表面、焊缝无裂纹，劣化度等级为1级； 表面、焊缝有裂纹，劣化度等级为4级
尾水管	进人门	外部泄漏	不漏水，密封完好无老化现象，密封面无腐蚀，无裂纹，劣化度等级为1级； 无漏水，密封完好有轻微老化现象面腐蚀裂纹，劣化度等级为2级； 漏水，漏水量小于每5s 1滴，密封老化或破损面腐蚀严重裂纹，劣化度等级为3级； 漏水，漏水量大于等于每5s 1滴，劣化度等级为4级

续表

子单元	可维修单元/部件	故障模式	劣化分值标准
尾水管	进人门	螺栓松动	螺纹紧固标示线无移动，劣化度等级为1级； 螺栓紧固标示线偏移<5°，劣化度等级为2级； 5°≤螺栓紧固标示线偏移<10°，劣化度等级为3级； 螺栓紧固标示线偏移≥10°，劣化度等级为4级。有条件的机组可根据预紧力大小来划分
尾水管	进人门	螺栓断裂	运行时长<20000h、振动区运行时长<5000h、启停次数<1000次，劣化度等级为1级； 20000h≤运行时长<30000h或5000h≤振动区运行时长<8000h或1000次≤启停次数<2000次，劣化度等级为2级； 30000h≤运行时长<40000h或8000h≤振动区运行时长<11000h或2000次≤启停次数<3000次，劣化度等级为3级； 40000h≤运行时长或11000h≤振动区运行时长或3000次≤启停次数，劣化度等级为4级
尾水管	试水阀	外部泄漏	无渗漏，劣化度等级为1级； 有渗漏痕迹，但未形成水滴，劣化度等级为2级； 漏水量小于每5s 1滴，劣化度等级为3级； 漏水量大于等于5s 1滴，劣化度等级为4级
尾水管	试水阀	关闭不严	关闭严实，劣化度等级为1级； 距离全关角度<5°，劣化度等级为2级； 10°>距离全关角度≥5°，劣化度等级为3级； 距离全关角度≥10°，劣化度等级为4级
尾水管	试水阀	裂纹	表面、焊缝无裂纹，劣化度等级为1级； 表面、焊缝有裂纹，劣化度等级为4级
尾水管	排水管路	外部泄漏	无渗漏，劣化度等级为1级； 有渗漏痕迹，但未形成水滴，劣化度等级为2级； 漏水量小于每5s 1滴，劣化度等级为3级； 漏水量不小于5s 1滴，劣化度等级为4级
尾水管	排水管路	排水效果差	排水正常，劣化度等级为1级； 管路轻微堵塞，设计值90%≤排水流量<设计值100%，劣化度等级为2级； 管路中度堵塞，设计值80%≤排水流量<设计值90%，劣化度等级为3级； 管路严重堵塞，排水流量<设计值80%，劣化度等级为4级
蜗壳	进人门	裂纹	表面、焊缝无裂纹，劣化度等级为1级； 表面、焊缝有裂纹，劣化度等级为4级

续表

子单元	可维修单元/部件	故障模式	劣化分值标准
蜗壳	进人门	外部泄漏	无渗漏，劣化度等级为1级； 有渗漏痕迹，但未形成水滴，劣化度等级为2级； 漏水量小于每5s 1滴，劣化度等级为3级； 漏水量不小于5s 1滴，劣化度等级为4级
蜗壳	进人门	螺栓松动	螺纹紧固标示线无移动，劣化度等级为1级； 螺栓紧固标示线偏移＜5°，劣化度等级为2级； 10°＞螺栓紧固标示线偏移≥5°，劣化度等级为3级； 螺栓紧固标示线偏移≥10°，劣化度等级为4级。有条件的机组可根据预紧力大小来划分
蜗壳	进人门	螺栓断裂	运行时长＜20000h、振动区运行时长＜5000h、启停次数＜1000次，劣化度等级为1级； 20000h≤运行时长＜30000h或5000h≤振动区运行时长＜8000h或1000次≤启停次数＜2000次，劣化度等级为2级； 30000h≤运行时长＜40000h或8000h≤振动区运行时长＜11000h或2000次≤启停次数＜3000次，劣化度等级为3级； 40000h≤运行时长或11000h≤振动区运行时长或3000次≤启停次数，劣化度等级为4级
蜗壳	试水阀	外部泄漏	无渗漏，劣化度等级为1级； 有渗漏痕迹，但未形成水滴，劣化度等级为2级； 漏水量小于每5s 1滴，劣化度等级为3级； 漏水量大于等于5s 1滴，劣化度等级为4级
蜗壳	试水阀	关闭不严	关闭严实，劣化度等级为1级； 距离全关角度＜5°，劣化度等级为2级； 10°＜距离全关角度≤5°，劣化度等级为3级； 距离全关角度≥10°，劣化度等级为4级
蜗壳	试水阀	裂纹	表面、焊缝无裂纹，劣化度等级为1级； 表面、焊缝有裂纹，劣化度等级为4级
蜗壳	排水管路	外部泄漏	无渗漏，劣化度等级为1级； 有渗漏痕迹，但未形成水滴，劣化度等级为2级； 漏水量小于每5s 1滴，劣化度等级为3级； 漏水量小于5s 1滴，劣化度等级为4级
蜗壳	排水管路	裂纹	表面、焊缝无裂纹，劣化度等级为1级； 表面、焊缝有裂纹，劣化度等级为4级

续表

子单元	可维修单元/部件	故障模式	劣化分值标准
蜗壳	排水管路	破损	管路壁厚磨损量≤10%设计值，劣化度等级为1级； 10%设计值＜壁厚磨损量≤20%设计值，劣化度等级为2级； 20%设计值＜壁厚磨损量≤30%设计值，劣化度等级为3级； 壁厚磨损量＞30%设计值，劣化度等级为4级
蜗壳	排水管路	锈蚀	表面油漆基本完好，劣化度等级为1级； 表面油漆脱落，劣化度等级为2级； 金属表面产生氧化皮，劣化度等级为3级； 金属表面氧化皮脱落，劣化度等级为4级
蜗壳	排水管路	排水效果差	排水正常，劣化度等级为1级； 管路轻微堵塞，设计值90%≤排水流量＜设计值100%，劣化度等级为2级； 管路中度堵塞，设计值80%≤排水流量＜设计值90%，劣化度等级为3级； 管路严重堵塞，排水流量＜设计值80%，劣化度等级为4级
座环	座环	锈蚀	表面油漆完好，劣化度等级为1级； 表面油漆脱落，劣化度等级为2级； 金属表面产生氧化皮，劣化度等级为3级； 金属表面氧化皮脱落，劣化度等级为4级
座环	座环	导流板脱落	导流板完整无破损，劣化度等级为1级； 导流板破损、脱落，劣化度等级为4级
顶盖	顶盖	锈蚀	表面光滑完好，劣化度等级为1级； 表面轻微锈蚀，劣化度等级为2级； 金属表面产生氧化皮，劣化度等级为3级； 金属表面氧化皮脱落，劣化度等级为4级
顶盖	顶盖	局部空蚀	无空蚀发生，劣化等级为1级； 轻微空蚀，深度小于1mm，劣化等级为2级； 中等空蚀，深度1～3mm，劣化等级为4级； 空蚀严重，深度超过3mm，劣化等级为4级
顶盖	顶盖	裂纹	表面、焊缝无裂纹，劣化度等级为1级； 表面、焊缝有裂纹，劣化度等级为4级
顶盖	顶盖	外部泄漏	无渗漏，劣化等级为1级； 有渗漏痕迹，但未形成水滴，劣化等级为1级漏水量小于每5s 1滴，劣化等级为3级； 漏水量不于小5s 1滴，劣化等级为4级

续表

子单元	可维修单元/部件	故障模式	劣化分值标准
顶盖	顶盖	螺栓松动	螺纹紧固标示线无移动，劣化度等级为1级； 螺栓紧固标示线偏移＜5°，劣化度等级为2级； 10°＞螺栓紧固标示线偏移≥5°，劣化度等级为3级； 螺栓紧固标示线偏移≥10°，劣化度等级为4级。有条件的机组可根据预紧力大小来划分
顶盖	顶盖	螺栓断裂	运行时长＜20000h、振动区运行时长＜5000h、启停次数＜1000次，劣化度等级为1级； 20000h≤运行时长＜30000h或5000h≤振动区运行时长＜8000h或1000次≤启停次数＜2000次，劣化度等级为2级； 30000h≤运行时长＜40000h或8000h≤振动区运行时长＜11000h或2000次≤启停次数＜3000次，劣化度等级为3级； 40000h≤运行时长或11000h≤振动区运行时长或3000次≤启停次数，劣化度等级为4级
顶盖	顶盖	螺栓失效	垂直振动小于规范要求，劣化度等级为1级； 出现整数倍数转频振动且振动值：100%规范要求≤顶盖垂直振动＜规范要求小于规范要求105%，劣化度等级为2级； 出现整数倍数转频振动且振动值：105%规范要求≤顶盖垂直振动＜规范要求小于规范要求110%，劣化度等级为3级； 出现整数倍数转频振动且振动值：规范要求110%≤顶盖垂直振动，劣化度等级为4级
顶盖	导叶轴承	磨损	无磨损，劣化度等级为1级； 磨损厚度小于50%磨损允许值，劣化度等级为2级； 磨损厚度大于50%小于等于80%磨损允许值，劣化度等级为3级； 磨损厚度大于80%磨损允许值，劣化度等级为4级
顶盖	导叶轴承	外部泄漏	密封完好，无漏油，劣化度等级为1级； 密封有渗点，未形成油滴，劣化度等级为2级； 形成油滴，油渗漏量＜每5min 1滴，劣化度等级为3级； 油渗漏量≥每5min 1滴，劣化度等级为4级
顶盖	导叶轴承	螺栓松动	螺纹紧固标示线无移动，劣化度等级为1级； 螺栓紧固标示线偏移＜5°，劣化度等级为2级； 10°＞螺栓紧固标示线偏移≥5°，劣化度等级为3级； 螺栓紧固标示线偏移≥10°，劣化度等级为4级。有条件的机组可根据预紧力大小来划分

续表

子单元	可维修单元/部件	故障模式	劣化分值标准
顶盖	导叶套筒座	裂纹	表面、焊缝无裂纹，劣化度等级为1级； 表面、焊缝有裂纹，劣化度等级为4级
顶盖	泄压管	裂纹	表面、焊缝无裂纹，劣化度等级为1级； 表面、焊缝有裂纹，劣化度等级为4级
顶盖	泄压管	外部泄漏	无渗漏，劣化度等级为1级； 有渗漏痕迹，但未形成水滴，劣化度等级为1级漏水量小于每5s 1滴，劣化度等级为3级； 漏水量≥5s 1滴，劣化度等级为4级
顶盖	泄压管	螺栓松动	螺纹紧固标示线无移动，劣化度等级为1级； 螺栓紧固标示线偏移<5°，劣化度等级为2级； 10°>螺栓紧固标示线偏移≥5°，劣化度等级为3级； 螺栓紧固标示线偏移≥10°，劣化度等级为4级。有条件的机组可根据预紧力大小来划分
顶盖	泄压管	锈蚀	表面油漆基本完好，劣化度等级为1级； 表面油漆脱落，劣化度等级为2级； 金属表面产生氧化皮，劣化度等级为3级； 金属表面氧化皮脱落，劣化度等级为4级
顶盖	泄压管	局部空蚀	无空蚀发生，劣化度等级为1级； 轻微空蚀，深度小于1mm，劣化度等级为2级； 中等空蚀，深度1～3mm，劣化度等级为4级； 空蚀严重，深度超过3mm，劣化度等级为4级
顶盖	真空破坏阀	外部泄漏	无渗漏，劣化度等级为1级； 有渗漏痕迹，但未形成水滴，劣化度等级为1级漏水量小于每5s 1滴，劣化度等级为3级； 漏水量大于等于5s 1滴，劣化度等级为4级
支持盖	导流锥	锈蚀	表面光滑完好，劣化度等级为1级； 表面轻微锈蚀，劣化度等级为2级； 金属表面产生氧化皮，劣化度等级为3级； 金属表面氧化皮脱落，劣化度等级为4级
支持盖	导流锥	局部空蚀	无空蚀发生，劣化度等级为1级； 轻微空蚀，深度小于1mm，劣化度等级为2级； 中等空蚀，深度1～3mm，劣化度等级为4级； 空蚀严重，深度超过3mm，劣化度等级为4级
支持盖	导流锥	裂纹	表面、焊缝无裂纹，劣化度等级为1级； 表面、焊缝有裂纹，劣化度等级为4级

续表

子单元	可维修单元/部件	故障模式	劣化分值标准
支持盖	导流锥	外部泄漏	无渗漏，劣化度等级为1级； 有渗漏痕迹，但未形成水滴，劣化度等级为1级漏水量小于每5s 1滴，劣化度等级为3级； 漏水量不小于5s 1滴，劣化度等级为4级
支持盖	导流锥	螺栓松动	螺纹紧固标示线无移动，劣化度等级为1级； 螺栓紧固标示线偏移<5°，劣化度等级为2级； 10°>螺栓紧固标示线偏移≥5°，劣化度等级为3级； 螺栓紧固标示线偏移≥10°，劣化度等级为4级。有条件的机组可根据预紧力大小来划分
支持盖	导流锥	螺栓断裂	运行时长<20000h、振动区运行时长<5000h、启停次数<1000次，劣化度等级为1级； 20000h≤运行时长<30000h或5000h≤振动区运行时长<8000h或1000次≤启停次数<2000次，劣化度等级为2级； 30000h≤运行时长<40000h或8000h≤振动区运行时长<11000h或2000次≤启停次数<3000次，劣化度等级为3级； 40000h≤运行时长或11000h≤振动区运行时长或3000次≤启停次数，劣化度等级为4级
支持盖	抬机止推铜环	磨损	无磨损，劣化度等级为1级； 磨损厚度小于50%磨损允许值，劣化度等级为2级； 磨损厚度大于50%小于等于80%磨损允许值，劣化度等级为3级； 磨损厚度大于80%磨损允许值，劣化度等级为4级
底环	底环	局部空蚀	无空蚀发生，劣化度等级为1级； 轻微空蚀，深度小于1mm，劣化度等级为2级； 中等空蚀，深度1～3mm，劣化度等级为4级； 空蚀严重，深度超过3mm，劣化度等级为4级
底环	底环	锈蚀	表面光滑完好，劣化度等级为1级； 表面轻微锈蚀，劣化度等级为2级； 金属表面产生氧化皮，劣化度等级为3级； 金属表面氧化皮脱落，劣化度等级为4级
底环	排水管	外部泄漏	无渗漏，劣化度等级为1级； 有渗漏痕迹，但未形成水滴，劣化度等级为1级漏水量小于每5s 1滴，劣化度等级为3级； 漏水量不小于5s 1滴，劣化度等级为4级

续表

子单元	可维修单元/部件	故障模式	劣化分值标准
底环	排水管	排水效果差	排水正常，劣化度等级为1级； 管路轻微堵塞，设计值90%≤排水流量＜设计值100%，劣化度等级为2级； 管路中度堵塞，设计值80%≤排水流量＜设计值90%，劣化度等级为3级； 管路严重堵塞，排水流量＜设计值80%，劣化度等级为4级
底环	导叶轴承	磨损	无磨损，劣化度等级为1级； 磨损厚度小于50%磨损允许值，劣化度等级为2级； 磨损厚度大于50%小于等于80%磨损允许值，劣化度等级为3级； 磨损厚度大于80%磨损允许值，劣化度等级为4级
底环	抗磨板	磨损	无磨损，劣化度等级为1级； 磨损厚度小于50%磨损允许值，劣化度等级为2级； 磨损厚度大于50%不大于80%磨损允许值，劣化度等级为3级； 磨损厚度大于80%磨损允许值，劣化度等级为4级
水导轴承	轴瓦	温度异常	水导轴承瓦温小于厂家规定正常值，劣化度等级为1级； 水导轴承瓦温大于厂家规定正常值小于等于报警值，劣化度等级为2级； 水导轴承瓦温大于厂家规定报警值小于等于停机值，劣化度等级为3级； 水导轴承瓦温大于等于厂家规定停机值，劣化度等级为4级
水导轴承	轴瓦	磨损	无磨损，劣化度等级为1级； 磨损厚度小于50%磨损允许值，劣化度等级为2级； 磨损厚度大于50%小于等于80%磨损允许值，劣化度等级为3级； 磨损厚度大于80%磨损允许值，劣化度等级为4级
水导轴承	轴瓦	间隙不均	水导轴承摆度、瓦温小于厂家规定正常值劣化度等级为1级； 水导轴承摆度或瓦温大于厂家规定正常值小于报警值，劣化度等级为2级； 水导轴承摆度或瓦温大于厂家规定报警值小于停机值，劣化度等级为3级； 水导轴承摆度或瓦温大于等于厂家规定停机值，劣化度等级为4级

续表

子单元	可维修单元/部件	故障模式	劣化分值标准
水导轴承	油槽	外部泄漏	密封完好，无漏油，劣化度等级为1级； 密封有渗点，未形成油滴，劣化度等级为2级； 形成油滴，油渗漏量＜每5min 1滴，劣化度等级为3级； 油渗漏量≥每5min 1滴，劣化度等级为4级
水导轴承	油槽	螺栓松动	螺纹紧固标示线无移动，劣化度等级为1级； 螺栓紧固标示线偏移＜5°，劣化度等级为2级； 10°＞螺栓紧固标示线偏移≥5°，劣化度等级为3级； 螺栓紧固标示线偏移≥10°，劣化度等级为4级。有条件的机组可根据预紧力大小来划分
水导轴承	油泵	效率低	振动值＜1.1mm/s，劣化度等级为1级； 1.1mm/s≤振动值＜2.8mm/s，劣化度等级为2级； 2.8mm/s≤振动值≤4.5mm/s，劣化度等级为3级； 振动值＞4.5mm/s，劣化度等级为4级
水导轴承	电机	轴承异响	电机运行正常，劣化度等级为1级； 电机轻微异响，运转正常，劣化度等级为2级； 电机异响明显，电机出力下降但大于等于设计值80%，劣化度等级为3级； 电机出力小于设计值80%，劣化度等级为4级
水导轴承	冷却器	外部泄漏	无渗漏，劣化度等级为1级； 有渗漏痕迹，但未形成水滴，劣化度等级为1级； 漏水量＜每5s 1滴，劣化度等级为3级； 漏水量≥5s 1滴，劣化度等级为4级
水导轴承	冷却器	冷却效果不良	冷却器运转正常，无堵塞，劣化度等级为1级； 冷却器轻微堵塞，日平均温度上升＜1℃，劣化度等级为2级； 冷却器堵塞，2℃＞日平均温度上升≥1℃，劣化度等级为3级； 冷却器严重堵塞，日平均温度上升≥2℃，劣化度等级为4级
水导轴承	水管路	外部泄漏	无渗漏，劣化度等级为1级； 有渗漏痕迹，但未形成水滴，劣化度等级为1级漏水量＜每5s 1滴，劣化度等级为3级； 漏水量≥5s 1滴，劣化度等级为4级

续表

子单元	可维修单元/部件	故障模式	劣化分值标准
水导轴承	水管路	破损	表面破损处壁厚破损量≤10%壁厚设计值，劣化度等级为1级； 破损量10%设计值＜壁厚磨损量≤20%设计值，劣化度等级为2级； 破损量20%设计值＜壁厚磨损量≤30%设计值劣化度等级为3级； 壁厚破损量＞30%设计值劣化度等级为4级
水导轴承	水管路	螺栓松动	螺纹紧固标示线无移动，劣化度等级为1级； 螺栓紧固标示线偏移＜5°，劣化度等级为2级； 10°＞螺栓紧固标示线偏移≥5°，劣化度等级为3级； 螺栓紧固标示线偏移≥10°，劣化度等级为4级。有条件的机组可根据预紧力大小来划分
水导轴承	油管路	外部泄漏	密封完好，无漏油，劣化度等级为1级； 密封有渗点，未形成油滴，劣化度等级为2级； 形成油滴，油渗漏量小于每5min 1滴，劣化度等级为3级； 油渗漏量≥每5min 1滴，劣化度等级为4级
水导轴承	油管路	螺栓松动	螺纹紧固标示线无移动，劣化度等级为1级； 螺栓紧固标示线偏移＜5°，劣化度等级为2级； 10°＞螺栓紧固标示线偏移≥5°，劣化度等级为3级； 螺栓紧固标示线偏移≥10°，劣化度等级为4级。有条件的机组可根据预紧力大小来划分
水导轴承	油管路	砂眼	管路平整无砂眼，劣化度等级为1级； 管路砂眼＜5个，劣化度等级为2级； 管路砂眼≥5个，劣化度等级为3级
止漏装置	上止漏环	局部空蚀	不稳定运行区域，年累计运行时间≤50h取1分； 不稳定运行区域，50h＜年累计运行时间≤100h取2分； 不稳定运行区域，100h＜年累计运行时间≤150h取3分； 不稳定运行区域，年累计运行时间＞150h取4分
止漏装置	上止漏环	间隙不合格	间隙在定值范围内，劣化度等级为1级； 间隙偏差定值范围10%以内，劣化度等级为2级； 间隙偏差定值范围20%以内，劣化度等级为3级； 间隙偏差定值范围20%以上，劣化度等级为4级

续表

子单元	可维修单元/部件	故障模式	劣化分值标准
止漏装置	下止漏环	局部空蚀	不稳定运行区域，年累计运行时间≤50h取1分； 不稳定运行区域，50h＜年累计运行时间≤100h取2分； 不稳定运行区域，100h＜年累计运行时间≤150h取3分； 不稳定运行区域，年累计运行时间＞150h取4分
止漏装置	下止漏环	间隙不合格	间隙在定值范围内，劣化度等级为1级； 间隙偏差定值范围10%以内，劣化度等级为2级； 间隙偏差定值范围20%以内，劣化度等级为3级； 间隙偏差定值范围20%以上，劣化度等级为4级
蜗壳盘形阀	阀盘	关闭不严	间隙为零，劣化度等级为1级； 局部使用0.05mm塞尺通过，总长度不超过10%，劣化度等级为2级； 局部使用0.05mm塞尺通过，总长度不超过20%，劣化度等级为3级； 局部使用0.05mm塞尺通过，总长度超过20%，劣化度等级为4级
蜗壳盘形阀	接力器缸	外部泄漏	密封完好，无漏油，劣化度等级为1级； 密封有渗点，未形成油滴，劣化度等级为2级； 形成油滴，油渗漏量＜每5min 1滴，劣化度等级为3级； 油渗漏量≥每5min 1滴，劣化度等级为4级
蜗壳盘形阀	接力器缸	螺栓松动	螺纹紧固标示线无移动，劣化度等级为1级； 螺栓紧固标示线偏移＜5°，劣化度等级为2级； 10°＞螺栓紧固标示线偏移≥5°，劣化度等级为3级； 螺栓紧固标示线偏移≥10°，劣化度等级为4级。有条件的机组可根据预紧力大小来划分
蜗壳盘形阀	接力器缸	内部泄漏	密封完好，无漏油，劣化度等级为1级； 密封有渗点，未形成油滴，劣化度等级为2级； 形成油滴，油渗漏量＜每5min 1滴，劣化度等级为3级； 油渗漏量≥每5min 1滴，劣化度等级为4级
蜗壳盘形阀	接力器缸	裂纹	无损探伤无裂纹，劣化度等级为1级； 无损探伤有裂纹，劣化度等级为4级

续表

子单元	可维修单元/部件	故障模式	劣化分值标准
尾水盘形阀	阀盘	关闭不严	关闭严实，劣化度等级为1级； 距离全关角度<5°，劣化度等级为2级； 10°>距离全关角度≥5°，劣化度等级为3级； 距离全关角度≥10°，劣化度等级为4级
尾水盘形阀	接力器缸	外部泄漏	无渗漏，劣化度等级为1级； 有渗漏痕迹，但未形成水滴，劣化度等级为1级漏水量<每5s 1滴，劣化度等级为3级； 漏水量≥5s 1滴，劣化度等级为4级
尾水盘形阀	接力器缸	螺栓松动	平垫、弹垫完好，劣化度等级为1级； 平垫、弹垫安装顺序错误，劣化度等级为2级； 平垫、弹垫有损坏，劣化度等级为3级； 无平垫、弹垫，劣化度等级为4级
尾水盘形阀	接力器缸	内部泄漏	密封完好，无漏油，劣化度等级为1级； 密封有渗点，未形成油滴，劣化度等级为2级； 形成油滴，油渗漏量<每5min 1滴，劣化度等级为3级； 油渗漏量≥每5min 1滴，劣化度等级为4级
尾水盘形阀	接力器缸	裂纹	无损探伤无裂纹，劣化度等级为1级； 无损探伤有裂纹，劣化度等级为4级
受油器	受油器体	漏油量大	漏油呈滴漏状态，劣化度等级为1级； 漏油呈线状，劣化度等级为3级； 漏油形成喷溅，劣化度等级为4级
受油器	浮动瓦	磨损	无磨损，劣化度等级为1级； 磨损厚度小于50%磨损允许值，劣化度等级为2级； 磨损厚度大于50%小于等于80%磨损允许值，劣化度等级为3级； 磨损厚度大于80%磨损允许值，劣化度等级为4级
主轴密封	密封块	漏水量大	无磨损，劣化度等级为1级； 磨损厚度小于50%磨损允许值，劣化度等级为2级； 磨损厚度大于50%小于等于80%磨损允许值，劣化度等级为3级； 磨损厚度大于80%磨损允许值，劣化度等级为4级
主轴密封	润滑水软管	外部泄漏	无渗漏，劣化度等级为1级； 有渗漏痕迹，但未形成水滴，劣化度等级为1级漏水量<每5s 1滴，劣化度等级为3级； 漏水量≥5s 1滴，劣化度等级为4级

续表

子单元	可维修单元/部件	故障模式	劣化分值标准
主轴密封	空气围带	外部泄漏	无漏气，无老化现象，密封完好，劣化度等级为1级； 漏气，手摸无明显喷射感，劣化度等级为2级； 漏气，手摸有明显喷射感，劣化度等级为4级
接力器	前缸盖	外部泄漏	密封完好，无漏油，劣化度等级为1级； 密封有渗点，未形成油滴，劣化度等级为2级； 形成油滴，油渗漏量<每5min 1滴，劣化度等级为3级； 油渗漏量≥每5min 1滴，劣化度等级为4级
接力器	前缸盖	螺栓松动	螺纹紧固标示线无移动，劣化度等级为1级； 螺栓紧固标示线偏移<5°，劣化度等级为2级； 10°>螺栓紧固标示线偏移≥5°，劣化度等级为3级； 螺栓紧固标示线偏移≥10°，劣化度等级为4级。有条件的机组可根据预紧力大小来划分
接力器	前缸盖	裂纹	无损探伤无裂纹，劣化度等级为1级； 无损探伤有裂纹，劣化度等级为4级
接力器	后缸盖	外部泄漏	密封完好，无漏油，劣化度等级为1级； 密封有渗点，未形成油滴，劣化度等级为2级； 形成油滴，油渗漏量<每5min 1滴，劣化度等级为3级； 油渗漏量≥每5min 1滴，劣化度等级为4级
接力器	后缸盖	螺栓松动	螺纹紧固标示线无移动，劣化度等级为1级； 螺栓紧固标示线偏移<5°，劣化度等级为2级； 10°>螺栓紧固标示线偏移≥5°，劣化度等级为3级； 螺栓紧固标示线偏移≥10°，劣化度等级为4级。有条件的机组可根据预紧力大小来划分
接力器	后缸盖	裂纹	无损探伤无裂纹，劣化度等级为1级； 无损探伤有裂纹，劣化度等级为4级
接力器	缸体	裂纹	无损探伤无裂纹，劣化度等级为1级； 无损探伤有裂纹，劣化度等级为4级
接力器	缸体	砂眼	管路平整无砂眼，劣化度等级为1级； 管路砂眼<5个，劣化度等级为2级； 管路砂眼≥5个，劣化度等级为3级

续表

子单元	可维修单元/部件	故障模式	劣化分值标准
接力器	活塞	磨损	无磨损，劣化度等级为1级； 磨损厚度小于50%磨损允许值，劣化度等级为2级； 磨损厚度大于50%小于等于80%磨损允许值，劣化度等级为3级； 磨损厚度大于80%磨损允许值，劣化度等级为4级
接力器	活塞	内部泄漏	密封完好，无漏油，劣化度等级为1级； 密封有渗点，未形成油滴，劣化度等级为2级； 形成油滴，油渗漏量<每5min 1滴，劣化度等级为3级； 油渗漏量≥每5min 1滴，劣化度等级为4级
接力器	排油阀	外部泄漏	密封完好，无漏油，劣化度等级为1级； 密封有渗点，未形成油滴，劣化度等级为2级； 形成油滴，油渗漏量<每5min 1滴，劣化度等级为3级； 油渗漏量≥每5min 1滴，劣化度等级为4级
接力器	排油阀	螺栓松动	螺纹紧固标示线无移动，劣化度等级为1级； 螺栓紧固标示线偏移<5°，劣化度等级为2级； 10°>螺栓紧固标示线偏移≥5°，劣化度等级为3级； 螺栓紧固标示线偏移≥10°，劣化度等级为4级。有条件的机组可根据预紧力大小来划分
接力器	油管路	外部泄漏	密封完好，无漏油，劣化度等级为1级； 密封有渗点，未形成油滴，劣化度等级为2级； 形成油滴，油渗漏量<每5min 1滴，劣化度等级为3级； 油渗漏量≥每5min 1滴，劣化度等级为4级
接力器	油管路	外部泄漏	密封完好，无漏油，劣化度等级为1级； 密封有渗点，未形成油滴，劣化度等级为2级； 形成油滴，油渗漏量<每5min 1滴，劣化度等级为3级； 油渗漏量≥每5min 1滴，劣化度等级为4级
接力器	油管路	砂眼	管路平整无砂眼，劣化度等级为1级； 管路砂眼<5个，劣化度等级为2级； 管路砂眼≥5个，劣化度等级为3级

续表

子单元	可维修单元/部件	故障模式	劣化分值标准
接力器	轴承	磨损	无磨损，劣化度等级为1级； 磨损厚度小于50%磨损允许值，劣化度等级为2级； 磨损厚度大于50%小于等于80%磨损允许值，劣化度等级为3级； 磨损厚度大于80%磨损允许值，劣化度等级为4级
锁定装置	锁定体	打不开	透平油颗粒度＜6级，劣化度等级为1级； 6级≤透平油颗粒度＜7级，劣化度等级为2级； 7级≤透平油颗粒度＜8级，劣化度等级为3级； 透平油颗粒度等级≥8级，劣化度等级为4级
锁定装置	缸体	外部泄漏	密封完好，无漏油，劣化度等级为1级； 密封有渗点，未形成油滴，劣化度等级为2级； 形成油滴，油渗漏量＜每5min 1滴，劣化度等级为3级； 油渗漏量≥每5min 1滴，劣化度等级为4级
锁定装置	缸体	螺栓松动	螺纹紧固标示线无移动，劣化度等级为1级； 螺栓紧固标示线偏移＜5°，劣化度等级为2级； 10°＞螺栓紧固标示线偏移≥5°，劣化度等级为3级； 螺栓紧固标示线偏移≥10°，劣化度等级为4级。有条件的机组可根据预紧力大小来划分
锁定装置	缸体	内部泄漏	密封完好，无漏油，劣化度等级为1级； 密封有渗点，未形成油滴，劣化度等级为2级； 形成油滴，油渗漏量＜每5min 1滴，劣化度等级为3级； 油渗漏量≥每5min 1滴，劣化度等级为4级
锁定装置	缸体	砂眼	管路平整无砂眼，劣化度等级为1级； 管路砂眼＜5个，劣化度等级为2级； 管路砂眼≥5个，劣化度等级为3级
锁定装置	活塞	磨损	无磨损，劣化度等级为1级； 磨损厚度小于50%磨损允许值，劣化度等级为2级； 磨损厚度大于50%小于等于80%磨损允许值，劣化度等级为3级； 磨损厚度大于80%磨损允许值，劣化度等级为4级

续表

子单元	可维修单元/部件	故障模式	劣化分值标准
锁定装置	活塞	内部泄漏	密封完好，无漏油，劣化度等级为1级； 密封有渗点，未形成油滴，劣化度等级为2级； 形成油滴，油渗漏量<每5min 1滴，劣化度等级为3级； 油渗漏量≥每5min 1滴，劣化度等级为4级
锁定装置	油管路	外部泄漏	密封完好，无漏油，劣化度等级为1级； 密封有渗点，未形成油滴，劣化度等级为2级； 形成油滴，油渗漏量<每5min 1滴，劣化度等级为3级； 油渗漏量≥每5min 1滴，劣化度等级为4级
锁定装置	油管路	螺栓松动	螺纹紧固标示线无移动，劣化度等级为1级； 螺栓紧固标示线偏移<5°，劣化度等级为2级； 10°>螺栓紧固标示线偏移≥5°，劣化度等级为3级； 螺栓紧固标示线偏移≥10°，劣化度等级为4级。有条件的机组可根据预紧力大小来划分
锁定装置	油管路	砂眼	管路平整无砂眼，劣化度等级为1级； 管路砂眼<5个，劣化度等级为2级； 管路砂眼≥5个，劣化度等级为3级
传动机构	剪断销	剪断	剪断销未见剪断，导叶无卡阻，劣化度等级为1级； 剪断销剪断，劣化度等级为3级，择机更换，同时更新O值
传动机构	推拉杆轴承	磨损	无磨损，劣化度等级为1级； 磨损厚度小于50%磨损允许值，劣化度等级为2级； 磨损厚度大于50%小于等于80%磨损允许值，劣化度等级为3级； 磨损厚度大于80%磨损允许值，劣化度等级为4级
传动机构	控制环轴承	磨损	无磨损，劣化度等级为1级； 磨损厚度小于50%磨损允许值，劣化度等级为2级； 磨损厚度大于50%小于等于80%磨损允许值，劣化度等级为3级； 磨损厚度大于80%磨损允许值，劣化度等级为4级
导叶	端面密封	局部空蚀	表面光滑无空蚀，劣化度等级为1级； 表面形成空蚀针孔，劣化度等级为2级； 表面形成空蚀坑，劣化度等级为3级； 表面形成蜂窝海绵状，劣化度等级为4级

续表

子单元	可维修单元/部件	故障模式	劣化分值标准
导叶	端面密封	间隙不合格	间隙在定值范围内，劣化度等级为1级； 间隙偏差定值范围10%以内，劣化度等级为2级； 间隙偏差定值范围20%以内，劣化度等级为3级； 间隙偏差定值范围20%以上，劣化度等级为4级
导叶	立面密封	间隙不合格	间隙为零，劣化度等级为1级； 局部使用0.05mm塞尺通过，总长度不超过10%，劣化度等级为2级； 局部使用0.05mm塞尺通过，总长度不超过20%，劣化度等级为3级； 局部使用0.05mm塞尺通过，总长度超过20%，劣化度等级为4级
导叶	导叶	裂纹	无损探伤无裂纹，劣化度等级为1级； 无损探伤有裂纹，劣化度等级为4级
导叶	导叶	局部空蚀	无空蚀发生，劣化度等级为1级； 轻度空蚀，深度<1mm，劣化度等级为2级； 流道面中度空蚀，3mm>深度≥1mm，劣化度等级为3级； 流道面空蚀严重，深度≥3mm，劣化度等级为4级
折向器	折向器	局部空蚀	无空蚀发生，劣化度等级为1级； 轻度空蚀，深度<1mm，劣化度等级为2级； 流道面中度空蚀，3mm>深度≥1mm，劣化度等级为3级； 流道面空蚀严重，深度≥3mm，劣化度等级为4级
喷嘴	喷嘴	堵塞	流量正常，劣化度等级为1级； 轻微堵塞，设计值90%≤流量<设计值100%，劣化度等级为2级； 中度堵塞，设计值80%≤流量<设计值90%，劣化度等级为3级； 严重堵塞，流量<设计值80%，劣化度等级为4级
转轮	转轮体	局部空蚀	无空蚀发生，劣化度等级为1级； 轻度空蚀，深度<1mm，劣化度等级为2级； 流道面中度空蚀，3mm>深度≥1mm，劣化度等级为3级； 流道面空蚀严重，深度≥3mm，劣化度等级为4级
转轮	桨叶传动机构	桨叶卡阻	桨叶操作顺畅无卡阻，劣化度等级为1级； 桨叶操作卡顿，劣化度等级为4级

续表

子单元	可维修单元/部件	故障模式	劣化分值标准
转轮	上冠	裂纹	禁止运行区域，年累计运行时间≤50h取1分； 禁止运行区域，50h<年累计运行时间≤100h取2分； 禁止运行区域，100h<年累计运行时间≤150h取3分； 禁止运行区域，年累计运行时间>150h取4分
转轮	上冠	局部空蚀	不稳定运行区域，年累计运行时间≤50h取1分； 不稳定运行区域，50h<年累计运行时间≤100h取2分； 不稳定运行区域，100h<年累计运行时间≤150h取3分； 不稳定运行区域，年累计运行时间>150h取4分
转轮	下环	裂纹	禁止运行区域，年累计运行时间≤50h取1分； 禁止运行区域，50h<年累计运行时间≤100h取2分； 禁止运行区域，100h<年累计运行时间≤150h取3分； 禁止运行区域，年累计运行时间>150h取4分
转轮	下环	局部空蚀	不稳定运行区域，年累计运行时间≤50h取1分； 不稳定运行区域，50h<年累计运行时间≤100h取2分； 不稳定运行区域，100h<年累计运行时间≤150h取3分； 不稳定运行区域，年累计运行时间>150h取4分
转轮	上止漏环	局部空蚀	不稳定运行区域，年累计运行时间≤50h取1分； 不稳定运行区域，50h<年累计运行时间≤100h取2分； 不稳定运行区域，100h<年累计运行时间≤150h取3分； 不稳定运行区域，年累计运行时间>150h取4分
转轮	上止漏环	间隙不合格	间隙在定值范围内，劣化度等级为1级； 间隙偏差定值范围10%以内，劣化度等级为2级； 间隙偏差定值范围20%以内，劣化度等级为3级； 间隙偏差定值范围20%以上，劣化度等级为4级
转轮	下止漏环	局部空蚀	不稳定运行区域，年累计运行时间≤50h取1分； 不稳定运行区域，50h<年累计运行时间≤100h取2分； 不稳定运行区域，100h<年累计运行时间≤150h取3分； 不稳定运行区域，年累计运行时间>150h取4分

续表

子单元	可维修单元/部件	故障模式	劣化分值标准
转轮	下止漏环	间隙不合格	间隙在定值范围内，劣化度等级为1级； 间隙偏差定值范围10%以内，劣化度等级为2级； 间隙偏差定值范围20%以内，劣化度等级为3级； 间隙偏差定值范围20%以上，劣化度等级为4级
转轮	叶片	局部空蚀	不稳定运行区域，年累计运行时间≤50h取1分； 不稳定运行区域，50h<年累计运行时间≤100h取2分； 不稳定运行区域，100h<年累计运行时间≤150h取3分； 不稳定运行区域，年累计运行时间>150h取4分
转轮	叶片	裂纹	禁止运行区域，年累计运行时间≤50h取1分； 禁止运行区域，50h<年累计运行时间≤100h取2分； 禁止运行区域，100h<年累计运行时间≤150h取3分； 禁止运行区域，年累计运行时间>150h取4分
转轮	叶片密封	外部泄漏	密封使用≤5年，劣化度等级为1级； 5年<密封使用≤7年，劣化度等级为2级； 7年<密封使用≤10年，劣化度等级为3级； 密封使用>10年，劣化度等级为4级
转轮	泄水锥	裂纹	禁止运行区域，年累计运行时间≤50h取1分； 禁止运行区域，50h<年累计运行时间≤100h取2分； 禁止运行区域，100h<年累计运行时间≤150h取3分； 禁止运行区域，年累计运行时间>150h取4分
转轮	泄水锥	锈蚀	表面油漆完好，劣化度等级为1级； 表面油漆脱落，劣化度等级为2级； 金属表面产生氧化皮，劣化度等级为3级； 金属表面氧化皮脱落，劣化度等级为4级
转轮	泄水锥	局部空蚀	不稳定运行区域，年累计运行时间≤50h取1分； 不稳定运行区域，50h<年累计运行时间≤100h取2分； 不稳定运行区域，100h<年累计运行时间≤150h取3分； 不稳定运行区域，年累计运行时间>150h取4分

续表

子单元	可维修单元/部件	故障模式	劣化分值标准
主轴	连轴螺栓	松动	螺纹紧固标示线无移动，劣化度等级为1级； 螺栓紧固标示线偏移＜5°，劣化度等级为2级； 10°＞螺栓紧固标示线偏移≥5°，劣化度等级为3级； 螺栓紧固标示线偏移≥10°，劣化度等级为4级。有条件的机组可根据预紧力大小来划分
主轴	主轴	裂纹	无损探伤无裂纹，劣化度等级为1级； 无损探伤有裂纹，劣化度等级为4级
主轴	操作油管	内部泄露	受油器动作正常，油压正常，劣化度等级为1级； 桨叶响应时间增长，加压油泵日平均动作次数增加10次，劣化度等级为2级； 加压油泵日平均动作次数增加量小于等于20次，劣化度等级为3级； 加压油泵日平均动作次数增加量20次，劣化度等级为4级
大轴补气装置	补气阀	关闭不严	关闭严实，劣化度等级为1级； 距离全关角度＜5°，劣化度等级为2级； 10°＞距离全关角度≥5°，劣化度等级为3级； 距离全关角度≥10°，劣化度等级为4级
大轴补气装置	补气阀	螺栓松动	螺纹紧固标示线无移动，劣化度等级为1级； 螺栓紧固标示线偏移＜5°，劣化度等级为2级； 10°＞螺栓紧固标示线偏移≥5°，劣化度等级为3级； 螺栓紧固标示线偏移≥10°，劣化度等级为4级。有条件的机组可根据预紧力大小来划分
大轴补气装置	补气阀	频繁动作	补气阀动作正常，劣化度等级为1级； 尾水管压力明显降低，补气阀多次动作，劣化度等级为3级
大轴补气装置	补气管	外部泄漏	无漏气，无老化现象，密封完好，劣化度等级为1级； 漏气，手摸无明显喷射感，劣化度等级为2级； 漏气，手摸有明显喷射感，劣化度等级为3级
大轴补气装置	补气管	螺栓松动	螺纹紧固标示线无移动，劣化度等级为1级； 螺栓紧固标示线偏移＜5°，劣化度等级为2级； 10°＞螺栓紧固标示线偏移≥5°，劣化度等级为3级； 螺栓紧固标示线偏移≥10°，劣化度等级为4级。有条件的机组可根据预紧力大小来划分

续表

子单元	可维修单元/部件	故障模式	劣化分值标准
大轴补气装置	补气管	锈蚀	表面光滑完好，劣化度等级为1级； 表面轻微锈蚀，劣化度等级为2级； 金属表面产生氧化皮，劣化度等级为3级； 金属表面氧化皮脱落，劣化度等级为4级
大轴补气装置	排水管	外部泄漏	无渗漏，劣化度等级为1级； 有渗漏痕迹，但未形成水滴，劣化度等级为1级漏水量<每5s 1滴，劣化度等级为3级； 漏水量≥5s 1滴，劣化度等级为4级
大轴补气装置	排水管	螺栓松动	螺纹紧固标示线无移动，劣化度等级为1级； 螺栓紧固标示线偏移<5°，劣化度等级为2级； 10°>螺栓紧固标示线偏移≥5°，劣化度等级为3级； 螺栓紧固标示线偏移≥10°，劣化度等级为4级。有条件的机组可根据预紧力大小来划分
大轴补气装置	排水管	锈蚀	表面光滑完好，劣化度等级为1级； 表面轻微锈蚀，劣化度等级为2级； 金属表面产生氧化皮，劣化度等级为3级； 金属表面氧化皮脱落，劣化度等级为4级

参 考 文 献

[1] MOUBRAY J. Reliability-Centered Maintenance [M]. 2nd. Oxford: Butterworth-Heinemann, 1997.

[2] SMITH A. Maintenance Strategy: A Guide to the Maintenance Management Process [M]. Oxford: Elsevier, 2004.

[3] JARDINE A K S, Lin D, Banjevic D. A review on machinery diagnostics and prognostics implemented through condition-based maintenance [J]. Mechanical Systems and Signal Processing, 2006, 20 (7): 1483-1510.

[4] 刘娟，潘罗平. 以可靠性为中心的维修（RCM）—应用现状及发展趋势 [A]. //中国水利水电科学研究院机电研究所. 中国水力发电工程学会信息化专委会2010年学术交流会论文集 [C]. 2010.

[5] 陈喜阳. 水电机组状态检修中若干关键技术研究 [D]. 武汉：华中科技大学，2006.

[6] 李风芝. 基于RCM的水轮发电机组状态检修及故障诊断系统的研究 [D]. 贵阳：贵州大学，2007.

[7] 赵巍伟. 基于RCM分析的汽轮机组维修决策 [D]. 北京：华北电力大学，2015.

[8] 韦家增. 故障树分析和模糊理论在机械故障诊断中的应用研究 [D]. 合肥：合肥工业大学，2002.

[9] 刘关四. 港口门座起重机FMEA分析及其应用研究 [D]. 武汉：武汉工程大学，2016.

[10] 王强. 基于Copula函数的系统可靠性分析及风险优先数计算方法研究 [D]. 成都：电子科技大学，2022.

[11] 何有良. 基于RCM的混流式水轮发电机组导水机构维修决策 [J]. 水电站机电技术，2024，47 (5)：19-21.

[12] 周叶，潘罗平，唐澍，等. 对水电机组状态检修技术推行困境的思考 [J]. 水电站机电技术，2014，37 (3)：81-85.

[13] 杨京燕，马昕，周成. 水电机组检修周期的优化研究 [J]. 现代电力，2005 (6)：83-87.

[14] 韩波，卢进玉，肖燕凤，等. 水电站检修维护管理现状及趋势 [J]. 水电自动化与大坝监测，2014，38 (1)：31-34.

[15] 潘建忠. 水轮发电机组的状态检修与定期检修 [J]. 广东水利水电，2001 (S3)：28-32.

[16] 李成家，李幼木. 正确认识水电机组的状态检修 [J]. 水电站机电技术，2001 (2)：34-35.

[17] 谢守斌，李传法，莫斌伟. 超大型立式水轮发电机组定子机坑组装精准定位技术 [J]. 四川水力发电，2023，42 (6)：47-49，81.

[18] 赵振宁，赵振宙. 点检制与RCM在发电厂的应用 [J]. 北京：华北电力技术，2004 (3)：17-19，36.

[19] 王燕涛. 电力设备运行与维护的经济规律研究 [D]. 济南：山东大学，2017.

[20] 何兴民，彭赛文. 混流式水轮机传统H型主轴密封结构改进 [J]. 水电站机电技术，2023，46 (2)：27-29，113.

[21] 孟龙，刘孟，支发林，等. 机械不平衡及轴瓦间隙对水轮机运行稳定性的影响分析 [J]. 机械工程学报，2016，52 (3)：49-55.

[22] 王石林. 机组投运后摆度超标处理方法 [J]. 云南水力发电，2021，37 (3)：130-131.

[23] 马彬. 基于全寿命周期理论的火电项目节能优化规划管理研究 [D]. 北京：华北电力大学，2020.

[24] 余然，高伟，李建兰. 基于可靠性的制造设备优化维修方法研究 [D]. 武汉：华中科技大学，2012.

[25] 肖惠民，陈启卷. 基于转子动力学的水轮发电机组运行稳定性研究 [J]. 水电与抽水蓄能，2023，9 (5)：2-3.

[26] 高鹏飞. 基于 GPR 模型与 MEA 框架的混流式水轮机综合健康状态评估研究与应用 [D]. 武汉：华中科技大学，2022.

[27] 陈晓明，彭祖贤，张华. 立式水轮发电机组垂直振动的分析及处理 [J]. 水电与新能源，2021，35 (4)：8-11.

[28] 毛廷贵. 浅议水轮发电机组运行剧烈振动时异常声音的分析及处理 [J]. 中国水运（下半月），2008 (4)：179-180.

[29] 张树忠，曾钦达，高诚辉. 以可靠性为中心的维修 RCM 方法分析 [J]. 世界科技研究与发展，2012，34 (6)：895-898.

[30] 刘海洋，汪志强. RCM 在广州蓄能水电厂的推广应用 [A]. 中国水力发电工程学会电力系统自动化专委会，2007.

[31] 倪黎. 双馈式风力发电机组发电机系统减振优化设计研究 [D]. 上海：上海交通大学，2017.